茶 经

[唐]陆羽　原著　知书　编著

民主与建设出版社
·北京·

© 民主与建设出版社，2021

图书在版编目（CIP）数据

茶经 / （唐）陆羽原著；知书编著． --北京：民
主与建设出版社，2021.4
　ISBN 978-7-5139-3434-3

　Ⅰ.①茶…　Ⅱ.①陆…　②知…　Ⅲ.①茶文化－中国
－古代　Ⅳ.①TS971.21

中国版本图书馆CIP数据核字（2021）第051492号

茶经
CHAJING

原　　著	[唐]陆　羽	
编　　著	知　书	
责任编辑	胡　萍	
封面设计	姜丽莎	
出版发行	民主与建设出版社有限责任公司	
电　　话	（010）59417747　59419778	
社　　址	北京市海淀区西三环中路10号望海楼E座7层	
邮　　编	100142	
印　　刷	大厂回族自治县德诚印务有限公司	
版　　次	2021年6月第1版	
印　　次	2021年6月第1次印刷	
开　　本	710毫米×1000毫米　1/16	
印　　张	9	
字　　数	140千字	
书　　号	ISBN 978-7-5139-3434-3	
定　　价	49.80元	

注：如有印、装质量问题，请与出版社联系。

前　言

陆羽的《茶经》，是中国以至世界现存最早、最完整、最全面的介绍茶的专著，被誉为"茶叶百科全书"。

《茶经》是一部关于茶的起源、制作、器具以及饮茶技艺、茶道原理等内容的综合性论著，是一部划时代的茶学专著。它不仅是一部精辟的农学著作，还是一本阐述茶文化的书。它将普通茶事升格为一种美妙的文化艺能。它是中国古代专门论述茶叶的重要著作，推动了中国茶文化的发展。

全新编排的《茶经》是一本将知识性、趣味性与综合性、时尚性相结合的收藏范本。本书传承了陆羽所著《茶经》的原始结构，并在此基础上，融入了与茶有关的现代解读和时尚元素，诸如养生茶、茶膳等。

茶余饭后，或是入睡之前，翻阅此书，不仅能增加知识趣味，还能陶冶情操，犹如手捧一杯香茗，给你物质和精神的双重感受：一边品茶，一边体悟。

在编写本书的过程中，得到很多业界前辈和朋友的支持，在此致以衷心的感谢！如发现书中有疏漏和不足之处，敬请广大读者和各界朋友指正！

目录
CONTENTS

器为茶之父——茶之器篇

何处弄清泉——茶之煮篇

此乃草中英——茶之饮篇

名人茶话汇——茶之事篇

何山品香茗——茶之出篇

尽在不言中——茶之略篇

名茶画赏析——茶之图篇

神州茶简史

——茶之源篇

《茶经》一之源

　　茶者，南方之嘉木也。一尺、二尺乃至数十尺。其巴山峡川，有两人合抱者，伐而掇之①。其树如瓜芦，叶如栀子，花如白蔷薇，实如栟榈②，蒂如丁香，根如胡桃。

　　其字，或从草，或从木，或草木并。

　　其名，一曰茶，二曰槚③，三曰蔎④，四曰茗，五曰荈⑤。

　　其地，上者生烂石，中者生砾壤，下者生黄土。凡艺⑥而不实，植而罕茂，法如种瓜，三岁可采。野者上，园者次。阳崖阴林，紫者上，绿者次；笋者上，芽者次；叶卷上，叶舒次⑦。阴山坡谷者，不堪采掇，性凝滞，结瘕疾⑧。

　　茶之为用，味至寒，为饮，最宜精行俭德之人。若热渴、凝闷、脑疼、目涩、四肢烦、百节不舒，聊四五啜，与醍醐、甘露⑨抗衡也。

　　采不时，造不精，杂以卉莽⑩，饮之成疾。茶为累也，亦犹人参。上者生上党⑪，中者生百济、新罗⑫，下者生高丽⑬。有生泽州、易州、幽州、檀州⑭者，为药无效，况非此者！设服荠苨⑮，使六疾不瘳⑯，知人参为累，则茶累尽矣。

◎注释

①伐而掇之：伐，砍下枝条。《诗经·周南》："伐其条枚。"掇，拾捡。

②栟（bīng）榈：棕树。《说文》："栟榈，棕也。"

③槚（jiǎ）：本为楸、梓类的美木，此处借指为茶。

④蔎（shè）：《玉篇》："蔎，香草也。"清人段玉裁认为应是草香。借指为茶。

⑤荈（chuǎn）：茶树老叶制成的茶。

⑥艺：指种植技术。

⑦叶卷上，叶舒次：叶片卷者为初生故其质量好，舒展平直者质量次之。

⑧性凝滞，结瘕疾：凝滞，凝结不散。瘕，腹中肿块。《正字通》："腹中肿块，坚者曰症，有物形曰瘕。"

⑨醍醐、甘露：醍醐，酥酪上凝聚的油，味甘美。甘露，即露水，古人认为它是"天之津液"。

⑩卉莽：野草。

⑪上党：唐时郡名，治所在今山西长治市长子、潞城一带。

⑫百济、新罗：唐时位于朝鲜半岛上的两个小国。百济在半岛西南部，新罗在半岛东南部。

⑬高丽：应为高句丽，唐时位于朝鲜半岛上的小国。

⑭泽州、易州、幽州、檀州：皆为唐时州名，治所分别在今山西晋城、河北易县、北京市城区西南广安门附近、北京市怀柔区一带。

⑮荠苨（nǐ）：一种形似人参的野果。

⑯六疾不瘳：六疾，指人遇阴、阳、风、雨、晦、明而得的多种疾病。瘳，痊愈。

茶最初的根在中国

中国是茶树的原产地

中国是茶树的原产地的结论，是科学家们从各个方面进行分析考证得出的，在当今世界已无争议。

根据植物学家和地质学家的分析，茶树起源至今已有6000万~7000万年的历史了。印度所处的喜马拉雅山南坡在那个时期还是一片汪洋大海，不可能生长茶树；而在中国西南地区，茶树变异最多、山茶属植物资源最丰富，再根据茶树分布、地质变迁及气候变化等方面的大量资料，可以推测这里是这一植物区系的起源中心。

此外，日本科学家在中国、泰国、缅甸、印度等地多次调查、研究发现，印度和中国茶种的细胞染色体数目相同，各地茶树没有种的变异，但外形具有连续性的变异，因此得出结论：茶树的传播是以中国西南地区为中心，向南推移，朝乔木化、大叶种茶树发展；向北推移，朝灌木化、小叶种茶树发展。

中国茶的外传

秦朝的统一打破了巴蜀地区的封闭，使种茶和饮茶得以在以后的六朝时期向北、向东传播开来。到了魏晋南北朝时期，茶叶的种植和生产已经遍布今天的四川、湖南、湖北、浙江、江苏、安徽、河南等区域。

中国第一大河长江及其众多支流如同一张辐射网，为茶叶的传播提供了便利的自然条件。据史料记载，中国茶叶最早向海外传播，可追溯到南北朝时期。

 # 神州茶史变迁

 ## 中国饮茶的起源：四说

追溯中国人饮茶的起源，有的认为起源于神农氏，有的认为起源于周，还有起源于秦汉、三国、南北朝、唐代的说法。

◎神农说

陆羽《茶经》记载："茶之为饮，发乎神农氏。"民间关于饮茶起源于神

农的说法也因民间传说有多种。神农在野外以釜锅煮水时，刚好有几片叶子飘进锅中，煮好的水，其色微黄，喝入口中生津止渴、提神醒脑。神农以过去尝百草的经验，判断它是一种药，这是有关中国饮茶起源最普遍的说法。

另一种说法则是从语音上加以附会。传说神农有个水晶肚子，由外可得见食物在胃肠中蠕动的情形，当他尝茶时，发现茶在肚内到处流动，“查来查去”，把肠胃洗涤得“干干净净”，因此神农称这种植物为“查”，再转成“茶”字，成为茶的起源。

◎西周说

周武王伐纣时，参加征战的巴蜀等南方部落就把茶作为贡品敬献给周武王。晋常璩著《华阳国志》中记载：“周武王伐纣，实得巴、蜀之师……茶、蜜……皆纳贡之。”武王伐纣的时间约在公元前1046年前后，由此可见，中国有明确记录的茶事活动距今至少有3000年的历史了。

◎秦汉说

现存最早较可靠的茶学资料出自汉代，以王褒撰写的《僮约》为主要依据。此文撰于汉宣帝神爵三年（公元前59年）正月十五日，在《茶经》之前，是茶学史上最重要的文献，笔墨间说明了当时茶文化的发展状况，内容如下：“舍中有客，提壶行酤，汲水作哺，涤杯整案。园中拔蒜，斫苏切脯，筑肉臛芋，脍鱼炰鳖。烹茶尽具，而已盖藏。”“舍后有树，当裁作船，下至江州上到煎，主为府掾求用钱。推纺军，贩棕索。绵亭买席，往来都雒，当为妇女求脂泽，贩于小市。归都担枭，转出旁蹉。牵犬贩鹅，武阳买茶。杨氏担荷，往来市聚，慎护奸偷。"

由文中可知，茶已成为当时社会饮食的一环，且为待客以礼的珍稀之物，显示出茶在当时社会的重要地位。

◎六朝说

中国饮茶起源于六朝时期的说法中，有人认为始于孙皓以茶代酒，有人认为系王肃提倡茗饮而始，日本、印度则流传饮茶系起于达摩禅定：传说菩提达摩自印度东使中国，誓言以九年时间停止睡眠进行禅定，前三年达摩如愿成功，但后来渐渐不支最终熟睡，达摩醒来后羞愤交加，遂割下眼皮，掷于地上。不久后掷眼皮处生出小树，枝叶扶疏，生意盎然。此后五年，达摩相当清醒，然还差一年时又遭睡魔侵入，达摩采食了身旁的树叶，食后立刻脑清目明，神志清楚，方得以完成九年禅定的誓言。达摩采食的树叶即后代的茶。

故事中体现了茶的特性，说明了茶有提神的效果，然因秦汉说具有史料证据确凿可考，因而削弱了六朝说的地位。

秦汉时期：早期茶文化

秦汉时期，茶并非普通百姓的日常饮品，而是以其药用价值出现在人们的生活中。

东汉华佗《食论》中"苦茶久食，益意思"之说记录了茶的价值。三国魏《广雅》中记载："荆、巴间采叶作饼，叶老者，饼成，以米膏出之。"反映了巴蜀地区独有的制茶方式和饮茶方法。

明代杨慎的《郡国外夷考》中记载："《汉志》葭萌，蜀郡名，萌音芒。《方言》'蜀人谓茶曰葭萌'，盖以茶氏郡也……"表明很早之前蜀人已用"茶"来为当地的部落和地域命名了。明末清初学者顾炎武在他的《日知录》中说"自秦人取蜀而后始有茗饮之事"，反映出茶饮是秦国统一巴蜀之后开始传播开来的。

西汉时，王褒的《僮约》中已有"烹茶尽具"以及"武阳买茶"的记载，可见在当时的巴蜀地区，饮茶已经很广泛，茶叶甚至成为一种商品，还有专门的饮茶用具。

两汉茶文化的发展，还表现在茶区的扩大上。马王堆出土的文物表明，汉朝时期长江中游的荆楚之地已经出现了茶和饮茶习俗。资料显示荆楚茶业曾一度发展到今湖南和江西接壤的茶陵县和广东地区。据《汉书·地理志》记载，西汉时已有的"茶陵"即今日的湖南省茶陵县。从明朝嘉靖年间的《茶陵州志》可以考证，茶陵境内的茶山，就是湖

南省与江西省交界处的"景阳山"，那里
"茶水源出此"且"林谷间多生产茶茗，
故名"。

　　在我国文学史上，西汉的司马相如与
扬雄都是辞赋大家，他们又都是早期著名
的茶人。司马相如曾作《凡将篇》，扬雄曾
作《輶轩使者绝代语释别国方言》，分别从
药用角度和文学角度谈到了茶。

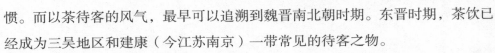

 ## 魏晋南北朝：茶文化萌芽

　　中国自古以来就有以茶待客的传统习
惯。而以茶待客的风气，最早可以追溯到魏晋南北朝时期。东晋时期，茶饮已
经成为三吴地区和建康（今江苏南京）一带常见的待客之物。

　　魏晋南北朝时期，门阀制度业已形成，不仅帝王、贵族聚敛成风，一般官
吏乃至士人皆以夸豪斗富为荣，多效膏粱厚味。在此情境下，一些有识之士提
出"养廉"的主张。于是，出现了陆纳、桓温以茶代酒之举。

　　南齐世祖武皇帝是个比较开明的帝王，他不喜游宴，死前留下遗诏，说他
死后丧礼要尽量节俭，不要以三牲为祭品，只放些干饭、果饼和茶饭便可，并
要"天下贵贱，咸同此制"。

　　在陆纳、桓温、齐武帝那里，饮茶不仅为了提神解渴，它开始产生社会功
能，被用以待客和用以祭祀。饮茶已经不完全只以其自然使用价值为人所用，
而是进入了人们的精神生活领域。

　　魏晋南北朝时期，天下大乱，各种文化思想交融碰撞，玄学相当流行。玄
学家大都是所谓的名士，重视门第、容貌、仪止，爱好虚无的清谈。

　　东晋时江南的富庶使士人得到暂时的满足，清谈之风继续发展，出现了许
多喜高谈阔论的清谈家。

　　由于饮酒会使人失仪，但茶则可竟日长饮而始终清醒，令人思路清晰，心

态平和。于是，许多玄学家、清谈家从好酒转向好茶。

魏晋时期，饮茶的方式逐渐进入烹煮的阶段，对烹煮的方法技巧也开始讲究起来。饮茶除了茶的种类上呈现出多样化的特点，还开始讲究一定的仪式、礼数和规矩，人们日益自发自觉地遵守和规范起来。

这一时期，从左思的《娇女诗》中可以推断出晋代时期茶已经从最初的菜肴转变成了专门的饮用材料。而杜育的《荈赋》则第一次全面而真实地叙述了中国历史上有关茶树种植、培育、采摘、器具、冲泡等茶事活动。其中从美学的角度欣赏茶饮，已经把饮茶从一种纯粹的饮品上升到了精神文化的高度，可以看作中国茶道的雏形。

从茶文化发展史的整体看来，虽然这一时期中国的茶文化还仅仅处于发展的萌芽阶段，茶风还没有普及到普通百姓，人们饮茶更多的还是关注茶的物质属性和药性，而不是其文化功能，但是仍为后代茶文化的发展和完善奠定了一定的基础。

 ## 唐朝：茶文化形成

中唐时，陆羽《茶经》的问世使茶文化发展到一个空前的高度，标志着唐代茶文化的形成。

当时有个说法叫"比屋之饮"，表明唐朝时期饮茶已经十分普遍，特别是在唐都长安，茶几乎走进了家家户户。唐朝时期的经济发展日趋繁盛，文化昌明，社会处处生机勃勃，充满活力，这些有利条件为包括茶业在内的各行各业的发展提供了动力。

"茶圣"陆羽就生于这样一个繁荣的朝代，正如《茶经》中所说的："滂时浸俗，盛于国朝，两都并荆俞间，以为比屋之饮。"

唐朝时期茶叶生产得到大发展，从事茶叶买卖的商人均可以迅速致富。但唐中期以后国家出现财政危机，在这种形势下，唐王朝开始制定关于茶叶的经济法规，以增加财政收入，这些法规包括税茶、榷茶、贡茶、茶马互市等，大多被后世历代沿袭下去并成为定制。

税茶：建中元年（780），户部侍郎赵赞提出征收茶税十取其一。兴元元年（784），茶税曾一度被废除。贞元九年（793），张滂又提出征收茶税，并创立税茶法，形成定制。

榷茶："榷"的本义为独木桥，引申为专卖或垄断。唐武宗时期，茶叶开始"禁民私卖"，榷茶正式形成。

贡茶：贡茶不是商品，而是专供朝廷使用的茶叶。由于其制作精致讲究，大大推进了种茶和制茶技术的进步。但同时贡茶也加重了茶农的负担，一定程度上阻碍了茶叶贸易的发展。

茶马互市：唐朝中期以后，饮茶之风开始从皇宫、贵族、文人雅士阶层逐渐普及到社会中下阶层，受到了老百姓的普遍欢迎。史料记载，文成公主在641年远嫁吐蕃时，就曾把茶叶及茶籽带了过去，饮茶使得以肉食为主的吐蕃人获益良多。很快，饮茶习俗在当地逐渐形成，发展到类似今日"宁可三日无粮，不可一日无茶"的程度。茶文化也随之传入吐蕃，并在贵族间盛行，因此两地开始了茶马交易。

唐代茶文化的形成还与佛教的兴起有一定关系。因茶有提神益思、生津止渴的功能，故寺庙崇尚饮茶，在寺院周围种植茶树，制定茶礼、设茶堂、选茶头，专呈茶事活动。

有句俗话说"吃茶是和尚家风"，僧侣与品茶之风有着极其密切的关系。茶道从一开始萌芽，就与佛教有着千丝万缕的联系，旧时有"自古名寺出名茶"之说，也有说法称茶由野生茶树到人工培植也是始于僧人。

在唐代，已经有了煮茶法，并延至后世。所谓煮茶法，是指茶放在水中烹煮而饮。唐代以前没有制茶法，从魏晋南北朝一直到初唐，人们主要是将茶树的叶子采摘下来直接煮成羹汤来饮用，饮茶就像今天喝蔬菜汤，吴人称此为"茗粥"。

唐代中后期饮茶以陆羽式煎茶为主，但煮茶的习惯并没有完全摒弃。晚唐樊绰的《蛮书》记载："茶出银生城界诸山，散收无采造法。蒙舍蛮以椒、姜、桂和烹而饮之。"这表明唐代少数民族人民煮茶，往往加入椒、姜等各种作料。

唐代茶道分宫廷茶道、寺院茶礼、文人茶道。唐朝流传下来的茶文、茶诗、茶画、茶歌等，无论从数量还是质量，从形式还是内容，都大大超越了唐以前的任何朝代。饮茶过程既是品味的过程，也是一个自我调节和修养的过程。

上述情况表明，在唐代，中国茶文化业已形成。千百年来，历代茶人对茶文化的各个方面进行了无数次的尝试和探索，《茶经》诞生后，更是推波助澜，把全国的饮茶之风推到了顶峰，因此具有划时代的意义。

 ## 宋朝：茶文化兴盛

经历了唐朝茶业与茶文化形成阶段，宋朝成为历史上茶饮活动最活跃的时代，饮茶方式更是丰富多彩。

南宋时期的临安城，茶肆经营昼夜不绝，无论烈日当头还是隆冬腊月，时时有人来提壶买茶；茶肆里面张挂着名人书画，装饰古朴，四季有鲜花装点，前来饮茶的人们络绎不绝。

临安的茶肆通常分很多种，用以接待不同层次的消费者。

有一些茶肆是士大夫等人与朋友相聚的场所，人们在此不但可以品茗倾谈，甚至能开展体育活动，如"蹴鞠茶坊"等；还有一些茶楼、茶馆，顾客多为文雅和有学识之人，他们在此把玩乐器、学习曲目、交流弹奏心得等，当时人们把这种茶肆称为"挂牌儿"；还有一些茶馆并不以茶为营生，只是挂名，人们在此进行买卖交易，谈论事情，饮酒甚至赌博，等同娱乐场所。

这时期，茶仪已成礼制，赐

茶已成皇帝笼络大臣、眷怀亲族的重要手段。皇帝还赐茶给外国使节。在民间，茶文化更是生机勃勃，有人迁徙，邻里要"献茶"；有客来，要敬"元宝茶"；订婚时要"下茶"；结婚时要"定茶"；同房时要"合茶"。

宋代有了系统的制茶法。当时，从朝廷到民间，对茶的品质要求都更为讲究。宋朝历任皇帝几乎皆嗜饮茶，特别是宋徽宗赵佶，对茶有着深刻的研究，亲自著成《大观茶论》辑录茶事，他曾不惜花重金派人四处寻找新的茶叶品种，大大促进了团茶种类的增多和制茶技术的发展。据《宣和北苑贡茶录》记载，贡茶在宋朝极盛时有40多种。

团茶制法在宋代更为精细、科学，茶的品质也得到提升。宋代的团茶制法主要有采茶、拣芽、蒸茶、榨茶、研茶、造茶、过黄七个步骤。宋朝末年开始出现散茶制法。

宋朝时期，饮茶方式逐渐产生了新的变化，烦琐复杂的煎茶法开始走下坡路，新兴的点茶法成为时尚。蔡襄编著的《茶录》为点茶茶艺奠定了基础。

点茶茶艺于唐朝末期出现，到北宋时期逐渐发展成熟，北宋后期至明朝前期达到鼎盛。点茶法主要包括备器、选水、取火、候汤和习茶五个环节。

在点茶时先将饼茶碾成末，放在碗中待用；烧水时要注意调整炭火，调炭时有"三炭"之说，即底火、初炭（第一次添炭）和后炭（第二次添炭）；待水初沸时立即离火，冲点碗中的茶末，同时搅拌均匀，茶末上浮，形成粥面，即可饮用。

宋代文人中还出现了专业品茶社团，有由官员组成的"汤社"、佛教徒组成的"千人社"等，推动了茶叶文化的发展。宋太祖赵匡胤是位嗜茶之士，他在宫廷中设立茶事机关，当时宫廷用茶已分等级。

随着饮茶的普及，宋朝关于茶的活动也日渐丰富起来，民间开始兴起了斗茶的风气。"斗茶"也称"茗战"，用来决定胜负的标准共有两条，一是"汤色"，二是"汤花"。

所谓"汤色"就是指茶汤的颜色，有一个固定的评判标准。茶汤的颜色以纯白色为最上，其他的颜色则不正。茶汤纯白色，说明茶叶的采摘、加工都是恰到好处。如果颜色偏青，说明在加工的时候火候不足；如果偏灰，就是过火；如果偏黄，那么则是茶叶的采制出了问题。

所谓"汤花"是指茶汤倒进茶盏之中在表面上泛起的泡沫。汤花讲究匀称，在汤花散尽之后，水痕出现得越晚越好。要想在斗茶中获胜，就必须把茶末研磨得非常细腻，同时在注水点汤的时候，力道要把握好，不温不火。汤花的最佳效果是汤花出现之后久久不散，而且汤花紧紧咬住茶盏的边缘，但是绝不流溢，这就叫"咬盏"。如果汤花很快散开，或者流溢出来，就会落败。

宋代还讲究分茶的艺术。分茶是饮用末茶时饮茶人所从事的一种技能性游戏，也叫"茶百戏"。技艺高超的人利用茶碗中的水脉，创造出许多绮丽美妙、富于变化的图案来，从图案的变化中得到赏心悦目的乐趣。分茶可以寄托文人的闲情雅兴，培养艺术创作的灵感，体现人格品位，是一种精致的技巧。

宋朝茶文化的发展在很大程度上与宫廷的风俗密不可分。因此民间的饮茶无论是文化特色还是形式内容，都带有明显的贵族色彩。茶文化在这种高雅的文化范畴内，得到了丰富全面的发展。比如宫廷内的"绣茶"，需由专人掌握此种技术，宫外的人难得一见。

自蔡襄任福建转运使后，贡茶制作变得更加精良细致，品质上有了更进一步的提升，并且蔡襄亲自研制出了小龙凤团茶。欧阳修评论这种茶"价值黄金二两"，但是金可有，茶却不可多得。宋仁宗就格外偏爱饮用这种小龙凤团茶，对其倍加珍惜，即使是居功至伟的近臣，也不会随便赐赠。只有在每年祭天地的南郊大礼时，枢密院的列位大臣才有幸共同分到一小团，他们却往往舍不得饮用，通常会用来孝敬父母或转赠好友。这种茶在被赏赐给大臣之前，要先由宫女用金箔剪成龙凤或花草图案贴在上面，因此也叫作"绣茶"。

 ## 明朝：茶文化普及

明代是中国茶业与饮茶方式发生重要变革的历史阶段。为去奢靡之风、减轻百姓负担，明太祖朱元璋下令茶制改革，用散茶代替饼茶进贡。伴随着茶叶加工方法的简化，茶的品饮方式也发生了改变，逐渐简化。

真正开从简清饮之风的是朱元璋的第十七子朱权。朱权大胆改革传统饮茶的烦琐程序，并著有《茶谱》一书，书中对茶品、茶具、饮茶方式等茶事活动都提出了明确具体的要求，特别是对于茶提出的讲求"自然本性"和"真味"，对茶具提出的反对繁复华丽和"雕镂藻饰"，为形成一套从简行事的烹饮方法打下了坚实的基础。

随着明朝制茶技术的改进，各个茶区出产的名茶品类也日见繁多。宋朝时期闻名天下的散茶寥寥无几，有史料记载的只有数种。但到了明朝，仅黄一正编写的《事物绀珠》一书中收录的名茶就有近百种之多，且绝大多数属于散茶。

明朝的茶叶形式得到了真正的飞跃发展，黑茶、青茶、红茶、花茶等各种茶相继出现并普及。青茶即乌龙茶，是明清时期由福建首先制作出来的一种半发酵茶。红茶最早见于明朝初期刘基编写的《多能鄙事》一书。此外，在各地茶区，还出现了功夫小种、紫毫、白毫、漳芽、选芽、清香、兰香等许多名优茶品，极大地丰富了茶叶种类，推动了茶业的发展。

明朝的泡茶法更普遍的是壶泡法，即先置茶于茶壶中以沸水冲泡，然后再分到茶杯中饮用。据古代茶书的记载，壶泡法有一套完整的程序，主要包括备器、择水、取火、候汤、投茶、冲泡、酾茶、品茶等。泡茶之道孕育于元末明初时期，正式形成于明朝后期，清中期之前发展到鼎盛阶段，流传至今。今日流传于福建、两广、台湾等地区的"工夫茶"就是以明清的壶泡法为基础发展起来的。

明朝的品茗方式有了更新的发展，主要表现在对饮茶的艺术追求上。从明朝开始，人们在品茶时已经开始刻意地对自然美与环境美提出明确的要求。其中的环境美包括品茗的人和外部环境。

名人对饮茶人数有"一人得神，二人得趣，三人得味，七八人则为施茶"之说；而环境则追求在幽静的山林、广阔的田野、溪畔、泉边，与鸟鸣、松涛、清风为伴。

明代不少文人雅士留有与饮茶相关的传世之作，如唐寅的《烹茶画卷》《品茶图》，文徵明的《惠山茶会记》《陆羽烹茶图》《品茶图》等。

清朝：茶文化发展

据史料记载，清朝出现了很多新的茶树种植和茶叶生产加工技术，对茶树生长规律和特性的掌握也有了很大进步。如明末学者方以智的百科式著作《物理小识》中就记载有"种以多子，稍长即移"，说明在明朝，除了种子直播法，有的茶园还采用了育苗移植的方法。到康熙年间，一位叫李来章的知县编写的《连阳八排瑶风土记》，已有对茶树插枝繁殖技术的描述。

此外，福建北部一带的茶农们对一些珍稀名贵的优良茶树品种开始采用压条繁殖。在茶园管理方面，明清时期对种植时的灌溉施肥等技术有了更加精细的要求，在抑制杂草生长和茶树与其他植物间种方面，也有了精辟的见解。

清代的各种茶馆、茶肆、茶档作为百姓生活的重要活动场所，如雨后春笋般迅速发展起来。人们在此既可饮茶，也可会友，书生吟诗作对，商人高谈阔论。据史料记载，到清朝末期，仅皇都北京城有规模的茶馆就有数十家。特别是江南的苏浙一带，有的小镇居民只有数千家，可是茶馆却有上百家之多。

清朝的茶馆依据经营内容和功能特色的不同，分为品茗饮茶之地、饮茶兼饮食之地，还有最富特色的听书赏戏之地。除此之外，在江南乡镇，有的茶馆

还充当排解百姓纠纷的仲裁场所。如民间流传的"吃讲茶"，就是指乡邻之间发生了各种纠纷又不愿对簿公堂，常常会邀上当地极负声望的长者或公证之人一起到茶馆，三方坐下一边饮茶一边陈述评理，以求得到圆满的解决。

清代茶文化还表现在一些地方茶俗的发展流传形成了各具特色的地方茶文化，例如茶叶的生产习俗、茶业经营、日常饮茶、以茶待客、节日饮茶、婚礼用茶、祭祀供茶、茶馆文化、茶事茶规等，涉及各个方面，内容丰富多彩。

同时，清代还涌现出了大量悦耳动听的茶歌、别开生面的茶舞、幽默风趣的茶戏和曲折动人的茶故事，各种与茶相关的文化艺术可谓百花齐放，繁花似锦。

茶采制工具

——茶之具篇

《茶经》二之具

籯①，一曰篮，一曰笼，一曰筥②，以竹织之，受五升，或一斗、二斗、三斗者，茶人负以采茶也。

灶，无用突③者。

釜，用唇口者。

甑④，或木或瓦，匪腰而泥，篮以箅之，篾以系之⑤。始其蒸也，入乎箅；既其熟也，出乎箅。釜涸，注于甑中。又以榖木枝三桠者制之，散所蒸芽笋并叶，畏流其膏。

杵臼，一曰碓，惟恒用者为佳。

规，一曰模，一曰棬，以铁制之，或圆，或方，或花。

承，一曰台，一曰砧，以石为之。不然，以槐桑木半埋地中，遣无所摇动。

檐⑥，一曰衣，以油绢或雨衫、单服败者为之。以檐置承上，又以规置檐上，以造茶也。茶成，举而易之。

芘莉⑦，一曰籯子，一曰筹筤⑧。以二小竹，长三尺，躯二尺五寸，柄五寸。以篾织方眼，如圃人土罗，阔二尺以列茶也。

棨⑨，一曰锥刀。柄以坚木为之，用穿茶也。

扑，一曰鞭。以竹为之，穿茶以解茶也。

焙，凿地深二尺，阔二尺五寸，长一丈。上作短墙，高二尺，泥之。

贯，削竹为之，长二尺五寸，以贯茶焙之。

棚，一曰栈。以木构于焙上，编木两层，高一尺，以焙茶也。茶之半干，升下棚；全干，升上棚。

穿，江东、淮南剖竹为之；巴川峡山纫榖皮为之。江东以一斤为上穿，半斤为中穿，四两五两为小穿。峡中以一百二十斤为上穿，八十斤为中穿，五十斤为小穿。穿字旧作钗钏之"钏"字，或作贯串。今则不然，如磨、扇、弹、钻、缝五字，文以平声书之，义以去声呼之，其字以穿名之。

育，以木制之，以竹编之，以纸糊之。中有隔，上有覆，下有床，傍有门，掩一扇。中置一器，贮塘煨火，令煴煴然⑩。江南梅雨时，焚之以火。

◎注释

①籯（yíng）：竹制的箱、笼、篮子等盛物器具。

②筥（jǔ）：圆形的盛物竹器。

③突：烟囱，成语有"曲突徙薪"。

④甑（zèng）：古代蒸食物的炊器，似今蒸笼。

⑤篮以箄（bǐ）之，箅（miè）以系之：箄，蒸笼中的竹屉。箅，长条细薄竹片，在此作从甑中取出箄的工具。

⑥檐（yán）：亦作"簷"。这里指铺在砧上的布，用以隔离砧与茶饼，使制成的茶饼易于拿起。

⑦芘（bì）莉：竹制的盘子类器具。

⑧篣筤（páng láng）：笼、盘一类盛物器具。

⑨棨（qǐ）：穿茶饼用的锥刀。

⑩煴（yūn）煴然：煴，没有光焰的火。煴煴然，火势微弱的样子。颜师古说："煴，聚火无焰者也。"

茶具的种类

我国古代的茶具，亦称茶器或茗器，它的概念范围较大，如陆羽在《茶经》中描述的有"籝、灶、釜、甑、规、承"等十几种。

在各种古籍中可以见到的茶具有茶鼎、茶瓯、茶磨、茶碾、茶臼、茶柜、茶榨、茶槽、茶筅、茶笼、茶筐、茶板、茶夹、茶罗、茶囊、茶瓢、茶匙……究竟有多少种茶具呢？据唐代范摅《云溪友议》说："陆羽造茶具二十四事。"如果按照唐代文学家皮日休《茶具十咏》和范摅《云溪友议》之言，古代茶具至少有24种。

我国茶具种类繁多，造型优美，既有实用价值，又富艺术价值，受历代饮茶爱好者青睐。

 陶茶具

晋代杜育《荈赋》有"器择陶拣，出自东瓯"，首次记载了陶茶具。至唐代，经陆羽宣传，茶具逐渐从酒食具中完全分离，形成独立系统。

《茶经》中所记载的陶茶具有熟盂等。北宋时期，江苏宜兴采用紫泥烧制成紫砂陶器，使陶茶具的发展走向高峰，成为中国茶具的主要品种之一。

除江苏宜兴外，浙江的嵊州、长兴，河北的唐山等均盛产陶茶具。

 **瓷茶具**

瓷器一直是人们喜爱的家居用品。独自一人或者三五人一起喝茶，最好选用瓷制茶具，一边喝茶，一边欣赏瓷茶具简洁流畅的外形设计。瓷器发明之后，陶质茶具就逐渐为瓷质茶具所代替。

瓷器茶具的品种很多，主要有青瓷茶具、白瓷茶具、黑瓷茶具和彩瓷茶具。这些茶具在中国茶文化发展史上，都曾占有辉煌的一页。

◎青瓷茶具

青瓷是中国传统瓷器的一种，是在胚体上施以青釉，在还原焰中烧制而成。早在东汉年间，就已经开始生产色泽纯正、透明发光的青瓷。

◎白瓷茶具

旧有"假玉器"之称。白瓷茶具具有胚质紧密透明，上釉、成陶火候高，无吸水性，音清而韵长等特点。因色泽洁白，能反映出茶汤色泽，传热、保温性能适中，加之色彩缤纷，造型各异，堪称饮茶器皿中之珍品。

◎黑瓷茶具

始于晚唐，鼎盛于宋，延续于元，衰微于明、清。这是因为自宋代开始，饮茶方法就由唐时的煎茶法逐渐改变为点茶法，而宋代流行的斗茶，又为黑瓷茶具的崛起创造了条件。

黑瓷茶具是有黑色高温釉的瓷器，原产于浙江、四川、福建等地。在宋代，斗茶之风盛行，斗茶者们根据经验，认为建安窑所生产的黑瓷茶盏用来斗茶最为适宜。

◎彩瓷茶具

使用彩绘瓷器制成，花色很多，品种丰富多样，其中以青花瓷茶具最为著名，色彩淡丽优雅，瓷胎华而不艳。

 玉石茶具

石美为玉，玉坚韧细腻，纹理、色泽美丽，如翡翠、和田玉、岫玉、玛瑙等。玉石是一种纯天然的材质，自古以来用玉石制成的茶具都是高档器皿，古时多为宫廷及贵族使

用。玉石茶具经过精雕细琢，每一件都极为难得，可以见到的玉茶具有玉杯、玉碗、玉壶、玉茶荷等。玉石富含人体所需的钠、钙、锌等多种微量元素，用玉石制成茶具来饮茶，据说对人体具有一定的保健美容作用。

 漆器茶具类

漆器茶具是我国先民的创造发明之一。制作方法是割天然漆树液汁进行炼制，掺进所需色料，制成绚丽夺目的器件。

漆器茶具较有名的有北京雕漆茶具、福州脱胎茶具、江西鄱阳等地生产的脱胎漆器等，均具有独特的艺术魅力。其

中，福建生产的漆器茶具尤为多姿多彩，如"宝砂闪光""金丝玛瑙""仿古瓷""雕填"等，均为脱胎漆茶具。漆器茶具具有轻巧美观，色泽光亮，耐温、耐酸的特点，这种茶具更具有艺术品的功用。

 ## 竹木茶具

在历史上，广大农村包括茶区，很多人使用竹或木碗泡茶。竹木茶具价廉物美，经济实惠。在我国南方，如海南等地用椰壳制作壶、碗来泡茶，经济实用，又具有艺术性。用木罐、竹罐装茶，则仍随处可见。特别是福建省武夷山等地的乌龙茶木盒，盒上绘有山水图案，制作精细，别具一格。作为艺术品的黄阳木罐、二黄竹片茶罐等，都是馈赠亲友的珍品，且有实用价值。

 ## 金属茶具

自秦汉至六朝，茶叶作为饮品已渐成风尚，茶具也逐渐从与其他饮具共用中分离出来。大约到南北朝时，中国出现了包括饮茶器皿在内的金银器具。到了隋唐时期，金银器具的制作工艺达到高峰。

锡具有质地柔软、可塑性较大的特点，其理化性能稳定。用锡做成的贮茶器，具有耐碱、无毒无味、不生锈等特点，多被制成小口长颈，其盖为圆桶状，密封性较好。

唐宋以来，铜和陶瓷茶具逐渐代替古老的金、银、玉制茶具，而据《宋稗类钞》说"唐宋间，不贵金玉而贵铜磁（即瓷）"。铜茶具相对金玉来说，价格更便宜，煮水性能好。

中国的铜茶具，最普遍的是铜煮壶。铜煮壶是茶具的组成部分，专门用来煮水沏茶。最早的专门煮茶器由盛水的锅与烧火的架子组成。宋承唐制，茶具的整体变化不大，但为适应"斗茶"，煮水用具改用铫，有柄有嘴。

对于金银茶具，行家评价并不高，如明朝张谦德所著《茶经》，就把瓷茶壶列为上等，金、银壶列为次等，铜、锡壶则属下等，金属茶具为斗茶行家所不屑采用。到了现代，金属茶具已基本上销声匿迹。

 ## 玻璃茶具

玻璃，古人称为流璃或琉璃，实是一种有色半透明的矿物质。用这种材料制成的茶具，能给人色泽鲜艳、光彩照人之感。

玻璃杯泡茶，茶汤的鲜艳色泽、茶叶的细嫩柔软、茶叶在整个冲泡过程中的上下蹿动、叶片的逐渐舒展等，可以一览无余，可说是一种动态的艺术欣赏。特别是冲泡各类名茶，茶具晶莹剔透，杯中轻雾缥缈，澄清碧绿，芽叶朵朵，亭亭玉立，观之赏心悦目，别有风趣。

制茶七工序

——茶之造篇

《茶经》三之造

　　凡采茶在二月、三月、四月之间。

　　茶之笋者，生烂石沃土，长四五寸，若薇蕨始抽，凌露采焉。茶之牙者，发于丛薄①之上，有三枝、四枝、五枝者，选其中枝颖拔者采焉。其日有雨不采，晴有云不采；晴，采之，蒸之，捣之，拍之，焙之，穿之，封之，茶之干矣。

　　茶有千万状，卤莽而言，如胡人靴者，蹙缩然；犎牛臆者，廉襜然②；浮云出山者，轮囷③然；轻飙拂水者，涵澹然；有如陶家之子，罗膏土以水澄泚之；又如新治地者，遇暴雨流潦之所经。此皆茶之精腴。有如竹箨④者，枝干坚实，艰于蒸捣，故其形籭簁⑤然；有如霜荷者，茎叶凋沮，易其状貌，故厥状委悴然，此皆茶之瘠老者也。

　　自采至于封七经目，自胡靴至于霜荷八等。或以光黑平正言嘉者，斯鉴之下也；以皱黄坳垤⑥言佳者，鉴之次也；若皆言嘉及皆言不嘉者，鉴之上也。何者？出膏者光，含膏者皱，宿制者则黑，日成者则黄；蒸压则平正，纵之则坳垤。此茶与草木叶一也。茶之否臧⑦，存于口诀。

◎注释

　　①丛薄：灌木、杂草丛生的地方。《汉书注》："灌木曰丛。"扬雄《甘草同赋注》："草丛生曰薄。"

　　②犎牛臆者，廉襜（chān）然：臆，指牛胸肩部位的肉；廉，边侧。《说文》："廉，仄也。"襜，帷幕。全句意为像牛胸肩的肉，像侧边的帷幕。

　　③轮囷：轮，车轮。囷，古代一种圆形的谷仓。

　　④竹箨（tuò）：竹笋的外壳。

⑤籭筵（shāi）：籭、筵相通，皆为竹器。《说文》："籭，竹器也。"《集韵》说是竹筛。

⑥坳垤（ào dié）：土地低凹处叫坳，小土堆叫垤。这里指茶饼表面凹凸不平整。

⑦否（pǐ）臧：优劣。否，恶；臧，善，好。

现代制茶工序

◎采青

茶只能采摘嫩叶，老叶无法用，这些细嫩的部分，采下来后称为茶青。不同的茶采摘部位不同，一般采一个顶芽和芽旁的第一片叶子叫一芽一叶，如果多采一叶叫一芽二叶。芽茶类以嫩芽为原料，茶性比较细腻；叶茶类以叶为原料，茶性比较粗犷。

◎萎凋

茶青采下来后，首先要放在空气中静置，让它蒸发一部分的水分，这个

过程称为萎凋。萎凋在室外进行的为室外萎凋，在室内进行的为室内萎凋。在萎凋的过程中，水分必须通过叶脉有序地从叶子边缘或气孔蒸发出来。只有这样，才能产生发酵作用。如果失水过多，叶子就会味薄；如果没有搅拌而积水，则味苦涩。

◎ 发酵

发酵会使茶发生香变，不怎么发酵的茶，喝起来是股菜香，让它稍微发酵就会转化成花香，继续发酵后会转化成果香，如果让它尽情地发酵就会变成糖香。

发酵还会使茶发生色变。香气的变化与颜色的转变是同步进行的：菜香阶段是绿色；花香阶段是金黄色；果香阶段是橘黄色；糖香阶段是朱红色。

发酵还会使茶发生味变，发酵时间越短，越接近植物本身的味道；发酵时间越长，离自然越远，加工的味道越重。

◎ 杀青

杀青是用高温杀死叶细胞，停止发酵。需用到炒青和蒸青工艺。炒青就是下锅炒，也可是滚筒式，炒的茶比较香。市场上的大部分茶都是炒出来的。蒸青即用蒸汽把茶青蒸熟，蒸的茶颜色比较翠绿，而且容易保留植物原来的纤维结构。

◎ 揉捻

杀青过后，要将茶叶像揉面一样地揉捻。揉捻的作用，一是揉破叶细胞以利于冲泡，二是使之成形，三是塑造不同的特性。揉捻包括手揉捻、机揉捻和布揉捻，揉捻的次数越多，茶性就会变得越低沉。揉捻又分轻揉捻、中揉捻和重揉捻。轻揉捻制成的茶呈条状，中揉捻制成的茶呈半球状，重揉捻制成的茶呈全球状。

◎ 干燥

揉捻完，茶就算初步制成，这时要把水分蒸发掉，这个过程称为干燥。

◎ 制茶

干燥过的茶就可以拿来冲泡饮用了，这种茶外形不好看，品质也还不稳定，一般被称为初制茶。

上市销售的茶，还要在此基础上再经过一番精制，包括：筛分，即将茶筛分成粗细不同等级；剪切，即需要较细的条形时，可用切碎机将它切碎；拔梗，即将部分散离的茶枝分离出来；覆火，即干燥不够时，再干燥一次，也称补火；风选，即用风来吹精制过的茶，将碎末和细片分离出来。完成这些程序的茶，就是可以上市的精制茶了。

◎ 加工

为了使茶更加多样化，还可以做各种深加工，包括薰花、焙火、掺和等工艺。

薰花即把新鲜的花和茶拌在一起，经过八小时左右，茶吸收了花的香，就成了花茶。用什么花薰什么茶并没有什么规定，只要考虑它俩是否相配，如茉莉花与桂花，茉莉花较嫩，桂花较成熟。所以茉莉花常用在轻揉捻的茶中；桂花常用在中、重揉捻的茶中，如冻顶或铁观音。

焙火就是把制成的茶用

火来烘焙。焙火分炭焙和电焙。焙火越重茶越熟，颜色也越深；否则就较生。

　　掺和就是把喜欢而且可以掺加的食物和茶掺在一起，也就是所谓的调味茶，如洛神红茶是把洛神花和红茶掺在一起。

　　在整个制茶的工艺流程中，发酵是最重要的一个过程，发酵程度不一样，制成的茶就不一样；揉捻是第二重要的过程，揉捻的力度不同塑造茶叶不同的特性；焙火是另一个重要的过程，焙火的高低会改变成茶的风味。另外，采摘时茶青部位的成熟度，也是造成茶叶不同风格的重要因素。

器为茶之父

——茶之器篇

《茶经》四之器

风炉（含灰承），以铜铁铸之，如古鼎形，厚三分，缘阔九分，令六分虚中，致其杇墁[①]。凡三足，古文书二十一字。一足云："坎上巽下离于中[②]"，一足云："体均五行去百疾"，一足云："圣唐灭胡明年铸[③]"。其三足之间，设三窗。底一窗以为通飙漏烬之所。上并古文书六字：一窗之上书"伊公"二字；一窗之上书"羹陆"二字，一窗之上书"氏茶"二字。所谓"伊公羹，陆氏茶[④]"也。置墆𡑋于其内，设三格：其一格有翟焉，翟者，火禽也，画一卦曰离；其一格有彪焉，彪者，风兽也，画一卦曰巽；其一格有鱼焉，鱼者，水虫也，画一卦曰坎。巽主风，离主火，坎主水，风能兴火，火能熟水，故备其三卦焉。其饰，以连葩、垂蔓、曲水、方文之类。其炉，或锻铁为之，或运泥为之。其灰承，作三足铁柈[⑤]台之。

筥，以竹织之，高一尺二寸，径阔七寸。或用藤，作木楦如筥形织之，六出圆眼。其底盖若利箧[⑥]口，铄之。

炭挝，以铁六棱制之，长一尺，锐上丰中。执细头系一小𫓧以饰挝也。若今之河陇军人木吾[⑦]也。或作锤，或作斧，随其便也。

火筴，一名箸，若常用者。圆直一尺三寸，顶平截，无葱台勾锁之属[⑧]。以铁或熟铜制之。

镀，以生铁为之。今人有业冶者，所谓急铁。其铁以耕刀之趄[⑨]，炼而铸之。内模土而外模沙。土滑于内，易其摩涤；沙涩于外，吸其炎焰。方其耳，以正令也。广其缘，以务远也。长其脐，以守中也。脐长，则沸中；沸中，则末易扬；末易扬，则其味淳也。洪州[⑩]以瓷为之，莱州[⑪]以石为之。瓷与石皆雅器也，性非坚实，难可持久。用银为之，至洁，但涉于侈丽。雅则雅矣，洁亦洁矣，若用之恒，而卒归于银也。

交床，以十字交之，剜中令虚，以支镀也。

　　夹，以小青竹为之，长一尺二寸。令一寸有节，节已上剖之，以炙茶也。彼竹之筱[12]，津润于火，假其香洁以益茶味，恐非林谷间莫之致。或用精铁熟铜之类，取其久也。

　　纸囊，以剡藤纸[13]白厚者夹缝之。以贮所炙茶，使不泄其香也。

　　碾（含拂末），以橘木为之，次以梨、桑、桐、柘为之。内圆而外方。内圆备于运行也，外方制其倾危也。内容堕而外无余木。堕，形如车轮，不辐而轴焉。长九寸，阔一寸七分。堕径三寸八分，中厚一寸，边厚半寸。轴中方而执圆。其拂末以鸟羽制之。

　　罗合，罗末，以合盖贮之，以则置合中。用巨竹剖而屈之，以纱绢衣之。其合以竹节为之，或屈杉以漆之，高三寸，盖一寸，底二寸，口径四寸。

　　则，以海贝、蛎蛤之属，或以铜、铁、竹匕[14]策之类。则者，量也，准也，度也。凡煮水一升，用末方寸匕[15]，若好薄者，减之，嗜浓者，增之，故云则也。

　　水方，以椆木、槐、楸、梓等合之，其里并外缝漆之，受一斗。

　　漉水囊[16]，若常用者，其格以生铜铸之，以备水湿，无有苔秽腥涩意，以熟铜苔秽，铁腥涩也。林栖谷隐者，或用之竹木。木与竹非持久涉远之具，故用之生铜。其囊，织青竹以卷之，裁碧缣以缝之，细翠钿以缀之。又作绿油囊以贮之。圆径五寸，柄一寸五分。

瓢，一曰牺杓。剖瓠为之，或刊木为之。晋舍人杜育[⑰]《荈赋》云："酌之以匏。"匏，瓢也，口阔，胫薄，柄短。永嘉中，余姚人虞洪入瀑布山采茗，遇一道士，云："吾，丹丘子，祈子他日瓯牺之余，乞相遗也。"牺，木杓也。今常用以梨木为之。

竹筴，或以桃、柳、蒲葵木为之，或以柿心木为之。长一尺，银裹两头。

鹾簋[⑱]（含揭），以瓷为之。圆径四寸，若合形，或瓶，或罍，贮盐花也。其揭，竹制，长四寸一分，阔九分。揭，策也。

熟盂，以贮熟水，或瓷，或沙，受二升。

碗，越州上，鼎州次，婺州次，[⑲]岳州次，寿州、洪州次。或者以邢州[⑳]处越州上，殊为不然。若邢瓷类银，越瓷类玉，邢不如越一也；若邢瓷类雪，则越瓷类冰，邢不如越二也；邢瓷白而茶色丹，越瓷青而茶色绿，邢不如越三也。晋杜育《荈赋》所谓："器择陶拣，出自东瓯。"瓯，越也。瓯，越州上，口唇不卷，底卷而浅，受半升已下。越州瓷、岳瓷皆青，青则益茶。茶作白红之色。邢州瓷白，茶色红；寿州瓷黄，茶色紫；洪州瓷褐，茶色黑，悉不宜茶。

畚[㉑]，以白蒲卷而编之，可贮碗十枚。或用筥。其纸帊以剡纸夹缝，令方，亦十之也。

札，缉栟榈皮以茱萸木夹而缚之，或截竹束而管之，若巨笔形。

涤方，以贮涤洗之余，用楸木合之，制如水方，受八升。

滓方，以集诸滓，制如涤方，处五升。

巾，以绝布[㉒]为之，长二尺，作二枚，互用之，以洁诸器。

具列，或作床，或作架。或纯木、纯竹而制之，或木，或竹，黄黑可扃[㉓]而漆者。长三尺，阔二尺，高六寸。具列者，悉敛诸器物，悉以陈列也。

都篮，以悉设诸器而名之，以竹篾内作三角方眼，外以双篾阔者经之，以单篾纤者缚之，递压双经，作方眼，使玲珑。高一尺五寸，底阔一尺、高二寸，长二尺四寸，阔二尺。

◎注释

①圬墁：本为涂抹墙壁，这里指涂抹风炉内壁的泥粉。

②坎上巽（xùn）下离于中：坎、巽、离都是八卦的卦名，坎为水，巽为风，离为火。

③圣唐灭胡明年铸：盛唐灭胡，指唐平息安史之乱，时在唐代宗广德元年，即763年。盛唐灭胡明年则是764年。

④伊公羹，陆氏茶：伊公，指商汤时的大尹伊挚。相传他善调汤味，世称"伊公羹"。陆氏，即陆羽自己，"陆氏茶"则指陆羽煎茶。

⑤柈（pán）：盘子。

⑥筥篋（qiè）：用小竹篾编成的长方形箱子。

⑦木吾：木棒。崔豹《古今注》："木吾，樟也。"

⑧无葱台勾锁之属：指火笑头无装饰。

⑨耕刀之趄（qiè）：耕刀，即锄头、犁头。趄，艰难行走之意，成语有"趑趄不前"，此引申为坏的、旧的。

⑩洪州：唐时州名，治所在今江西南昌一带。

⑪莱州：唐时州名，治所在今山东莱州市一带。

⑫竹之筱：筱，竹的一种，名小箭竹。

⑬剡（shàn）藤纸：产于唐时剡县，用藤为原料制成，洁白细致有韧性，为唐时包茶专用纸。剡县在今浙江嵊州。

⑭匕（bǐ）：匙子。

⑮用末方寸匕：用竹匙挑起茶叶末一寸见方。陶弘景《名医别录》："方寸匕者，作匕正方一寸，抄散取不落为度。"

⑯漉水囊：漉，过滤。漉水囊，即滤水袋。

⑰杜育：字方叔，西晋文人，曾任中书舍人等职。

⑱鹾簋（cuó guǐ）：盐罐，鹾，即盐。《礼记·曲礼》："盐曰咸鹾。"簋，古代盛食物的圆口竹器。

⑲越州上、鼎州次、婺州次：越州，治所在今浙江省绍兴地区。唐时越窑主要在余姚，所产青瓷极名贵。此处越州指越州窑，以下各州也均指位于各州的瓷窑。鼎州，治所在今陕西省径阳三原一带。婺州，治所在今浙江省金华一带。

⑳岳州次，寿州、洪州次。或者以邢州：岳州、寿州、洪州、邢州，皆唐时州郡名。治所分别在今湖南岳阳、安徽寿县、江西南昌、河北邢台一带。

㉑畚（běn）：即草笼，用蒲草或竹篾编织的盛物器具。

㉒绝布（shī bù）：即粗绸。

㉓扃（jiōng）：从外关闭门箱窗柜的插关。

 烹茶品茗的器具介绍

从茶艺的角度来说，品茶是展演性的艺术享受，细致精巧的茶器给品茶的过程增加了许多雅致情调。

一般茶器需要兼具实用和美感的特性。从备水到理茶、置茶、品茗和洁净，每一个环节和步骤都要求配备专门且精致的茶器。

 备水器

◎ 茗炉

茗炉是用来煮泡茶水的炉子。为表演茶艺，现代茶艺馆经常备有一种茗炉，炉身为陶器，下有一金属支架，中间放置酒精灯，点燃后，将装好水的水壶放在"茗炉"上，可用来烧水或保持水温，便于表演。

◎ 暖水瓶

暖水瓶是用来储备沸水的泡茶辅助用具，具有保温作用。

◎煮水壶

煮水壶是用来煮开水用的泡茶辅助器具。现代的煮水壶，通常会在壶底加一层保温材质，以保持水温。在茶艺表演中，使用较多的是紫砂提梁壶、玻璃提梁壶和不锈钢壶等。

◎水方

水方是用来储存生水的泡茶辅助用具。陆羽的《茶经》中记载："水方，以椆木、槐、楸、梓等合之，其里并外缝漆之，受一斗。"一般水方与存储淋注茶壶水的茶船通称"水方"，实际二者功用有别。

◎水注

品茶时注汤用的汤瓶，又称为"茶瓶"或"汤提点"。一般是壶嘴细长、壶身较高的水壶。可盛放冷水，注入煮水器加热；或盛放开水，温具时用来注水或者等水温稍降时冲泡茶叶。

水注也用来点汤分茶，如杨万里在《澹庵坐上观显上人分茶》诗中说："分茶何似煎茶好，煎茶不似分茶巧。"水注的完美运用增进了茶艺阳春白雪似的精巧韵味。

理茶器

◎茶夹

　　茶夹又称茶筷，功用与茶匙相似。用于将茶渣自茶壶中夹出，也有人用它夹着茶杯洗杯，防烫又卫生。明代李贽的《茶夹铭》言"我老无朋，朝夕唯汝……夙兴夜寐，我愿与子终始"，素朴悠然的词句增加了茶夹的文化意蕴。

◎茶桨

　　茶桨是撇去浮于茶汤表面的茶沫的用具，尖端用于通壶嘴。茶叶第一次冲泡时，表面会浮起一层泡沫，此时可用茶桨撇去泡沫。

◎茶针

　　状为一根细长针形，故名"茶针"，多以竹、木制成。茶针可用来疏通茶壶的内网，保持水流通畅，还可用于疏通壶嘴以及茶盘出水孔，以免茶渣阻塞造成出水不畅。

◎茶刀

　　茶刀通常在冲泡普洱时使用。取一小块茶饼放入茶荷后，用茶刀轻轻撬开，将撬下的碎片放入壶中，冲泡时更容易得到较浓的茶汤。

　　由于茶叶种类不同，用茶刀时不必将茶敲打得过于细碎，以免粉末较多。用茶刀适度按压，舒活茶叶，利于茶香发散，茶韵浓烈。

置茶器

◎ 茶漏

茶漏呈圆形漏斗状，形制小巧，也叫茶斗。一般泡茶所用茶壶壶口皆较小，当用小茶壶泡茶时，将其放置在壶口，茶叶从中经过缓缓漏进壶中，以防茶叶撒落到壶外。在茶艺表演过程中，茶漏具有导引茶叶入壶的功用，具有优雅的动感和韵律。

◎ 茶瓮

用于储存大量茶叶的容器，通常为陶瓷制品。小口鼓腹，储藏防潮。也可以用马口铁制成双层箱，下层放干燥剂（通常用生石灰），上层储藏茶叶，双层间以带孔隔板隔开。茶叶储存在茶瓮中，可以保持口味长期不变，甚至增加韵味。

◎ 茶罐

茶罐是备茶的器具，一般分为茶样罐和储茶罐两种。茶样罐为泡茶时用于盛放茶样的容器，体积较小，可装干茶30～50克。储茶罐或叫储茶瓶，为大量储藏茶叶用，能储茶250～500克。为确保密封，应用双层盖或防潮盖。储茶罐一般为金属或瓷质，且造型美观多样。

◎茶匙

茶匙是一种长柄、圆头的小匙，用于将茶叶从茶样罐中取出，或者从茶壶内取出茶渣时使用，不可以沾水。茶匙多为竹质，如今亦有黄杨木质，一端弯曲。茶匙要求击拂有力，古代也有以黄金、银、铜制成的。

◎茶则

茶则为盛茶叶用的器具，一般为竹制。将宽一点的竹竿切开，利用竹管内部自然形成的节隔，可制作成茶则。此种宽的茶则是盛散茶入壶之用具。另一类茶则偏小，有的一端尽头稍做向上隆起，在茶道中用来将粉末茶盛入茶碗。

◎茶荷

茶荷是民间泡茶用具，多为有引口的半球形，以竹、木、陶、瓷、锡等制成。茶荷既具赏茶功能，同时也可做置茶分样用。将茶叶装入茶荷内，可将茶荷递给客人，鉴赏茶叶外观，再用茶匙将茶荷内的茶叶拨入壶中。茶荷的使用增加了品茗的观赏性和情趣。

 品茗器

◎茶海

茶海也叫作茶盅或公道杯，形状似无盖的敞口茶壶。茶海的容量要大于壶或盖碗，一般为瓷、紫砂、玻璃质等。从外观上分为无柄和有柄两种，有的还有内置过滤网。茶海的功用大致为：盛放泡好的茶汤，再分倒各杯，使各杯茶汤浓度相若，沉淀茶渣。于茶海上覆一滤网，可以滤去茶渣、茶末。

◎ 品茗杯

　　一提到茶具，不能不想到精致的茶杯。茶杯是品茗的重要茶具。现在常用的品茗杯主要有两种：一种是白瓷杯；另一种是内壁贴白瓷的紫砂杯，也有纯紫砂的饮杯。茶杯以白底为佳，便于观察汤色。同时，高腹杯又比低平杯更容易品得茶香。

◎ 闻香杯

　　闻香杯即用来品闻茶香的专用杯子。它的容积与品茗专用的品茗杯相仿，但杯身细长而高，容易聚香。使用闻香杯时，将茶杯倒扣在闻香杯上，用手将闻香杯托起，稳妥地倒转，使闻香杯倒扣在茶杯上，稳稳地将闻香杯竖直向上提起（此时茶汁已被转移到了茶杯内），将闻香杯再次倒转，使杯口朝上，双手掌心向内夹住闻香杯，靠近鼻孔，闻茶汤留下的余香。

◎ 杯托

　　杯托是用以承托、衬垫茶杯的碟子。杯托的出现是饮茶习俗的普及和茶具装饰多样化的结果，杯托是整个茶具的配套器具，一般与所托茶杯在质地上保持一致，体现协调之美。

◎小茶壶

　　小茶壶是与大茶壶比较而言相对较小的品茗器具。小茶壶应用在泡茶中始于明代，一般做工精细，适合独啜或者作为工夫茶具组中的泡茶壶出现。

　　用小茶壶泡出的茶，味道格外甘醇芳香。明清时代以江苏宜兴的紫砂壶最为著名，如果壶是出自名家之手，则是四方争购，价比黄金。

◎盖碗

　　盖碗由盖、碗、托三部分组成，为现代茶艺最常使用的器具，清雅的风格能反映出茶的色彩美和纯洁美。在古代，盖碗的使用有讲究的礼仪，同时也是一种身份的象征。碗盖可以防尘、保温、闻香、拂去茶沫。

 洁净器

◎茶盘

　　茶盘是用来盛放茶壶、茶杯、茶道组、茶宠以至茶食等器具的浅底器皿。其形状根据配套茶具，可方可圆或作扇形。形式可以是抽屉式或嵌入式，既可以是单层也可以是夹层，夹层用以盛废水。

　　茶盘选材广泛，金属、木、竹、陶皆可取。金属茶盘简便耐用，竹制茶盘清雅相宜，陶瓷茶盘精致讲究。加彩搪瓷茶盘也曾一度受到不少爱茶人士的欢迎。有了茶盘，品茗活动便能在一个更为洁净整齐的环境中进行。

◎茶巾

　　茶巾俗称茶布，主要功用为在品茶之前将茶壶或茶海底部残留的水擦干，也可用来擦拭滴落在桌面的水滴。茶巾置于茶盘与泡茶者之间的案上，宜采用麻、棉等吸湿性较好的材质。同时，茶巾需手感柔软，花纹要柔和，也可以起到装饰的作用。

◎ 水盂

　　水盂与文房中的水盂稍有不同，文房中的水盂用于盛磨墨用水，而茶艺中作为茶具洁净器皿的水盂主要用来贮放茶渣和废水。水盂多用陶瓷制作而成，也有玉、石、紫砂等材质的。

◎ 茶船

　　茶船形状有盘形、碗形，不但可托放茶碗，茶壶也可放置其中，盛热水时供暖壶烫杯之用，也可用于养壶。当注入壶中的水溢满时，茶船可将水接住，避免弄湿桌面。茶船有竹、木、陶、瓷及金属制品。

◎ 容则

　　容则一般为筒状，用来安放茶则、茶夹等茶具，以木制、竹制居多，且造型古朴，纹饰精雅，彰显品茗的神韵，与茶匙、茶夹、茶针、茶漏、茶则一起，被称为“茶道六君子”。容则取“海纳百川，有容则大”的意思，有包养天地的韵味。

何处弄清泉

——茶之煮篇

《茶经》五之煮

凡炙茶，慎勿于风烬间炙，熛焰如钻，使炎凉不均。持以逼火，屡其翻正，候炮出培塿，状虾蟆背①，然后去火五寸。卷而舒，则本其始又炙之。若火干者，以气熟止；日干者，以柔止。

其始，若茶之至嫩者，蒸罢热捣，叶烂而芽笋存焉。假以力者，持千钧杵亦不之烂，如漆科珠②，壮士接之，不能驻其指。及就，则似无穰骨也。炙之，则其节若倪倪，如婴儿之臂耳。既而承热用纸囊贮之，精华之气无所散越，候寒末之。

其火用炭，次用劲薪。其炭，曾经燔炙，为膻腻所及，及膏木、败器不用之。古人有劳薪之味③，信哉！

其水，用山水上，江水次，井水下。其山水，拣乳泉、石池慢流者上；其瀑涌湍漱，勿食之，久食令人有颈疾。又多别流于山谷者，澄浸不泄，自火天至霜郊以前，或潜龙蓄毒于其间，饮者可决之，以流其恶，使新泉涓涓然，酌之。其江水取去人远者，井取汲多者。

其沸如鱼目④，微有声，为一沸。缘边如涌泉连珠，为二沸。腾波鼓浪，为三沸。已上水老，不可食也。初沸，则水合量调之以盐味，谓弃其啜余。无乃衉𪉶而钟其一味乎。第二沸出水一瓢，以竹笑环激汤心，则量末当中心而下。有顷，势若奔涛溅沫，以所出水止之，而育其华也。

凡酌，置诸碗，令沫饽均。沫饽，汤之华也。华之薄者曰沫，厚者曰饽，细轻者曰花。如枣花漂漂然于环池之上；又如回潭曲渚青萍之始生；又如晴天爽朗有浮云鳞然。其沫者，若绿钱⑤浮于水湄，又如菊英堕于樽俎⑥之中。饽者，以滓煮之，及沸，则重华累沫，皤皤⑦然若积雪耳。《荈赋》所谓"焕如积雪，烨若春藪⑧"，有之。

第一煮水沸，而弃其沫，之上有水膜，如黑云母，饮之则其味不正。其第一者为隽永，或留熟盂以贮之，以备育华救沸之用，诸第一与第二、第三碗次之。第四、第五碗外，非渴甚莫之饮。凡煮水一升，酌分五碗。乘热连饮之，以重浊凝其下，精英浮其上。如冷，则精英随气而竭，饮啜不消亦然矣。

茶性俭，不宜广，广则其味黯澹。且如一满碗，啜半而味寡，况其广乎！其色缃也，其馨欵也，其味甘，槚也；不甘而苦，荈也；啜苦咽甘，茶也。

◎注释

①候炮出培塿（lǒu），状虾蟆背：炮，烘烤。培塿，小土堆。虾蟆背有很多突起的小疙瘩，不平滑，形容茶饼表面起泡如虾蟆背。

②如漆科珠：科，用斗称量。《说文》："从禾，从斗。斗者，量也。"这句意为用漆斗量珍珠，滑溜难量。

③劳薪之味：劳薪，即膏木、败器。用膏木、败器之类烧烤，食物会有异味。典出《晋书·荀勖传》。

④如鱼目：水初沸时冒出的小气泡，像鱼眼睛，故称鱼目。

⑤绿钱：苔藓的别称。

⑥樽俎：樽是酒器，俎是古代祭祀、燕飨时陈置牲体或其他食物的礼器，这里指各种餐具。

⑦皤（pó）皤：满头白发的样子。这里形容白色水沫。

⑧烨（yè）若春蕍：烨，光辉明亮。蕍，花。

泡茶选水讲究多

　　茶人独重水，因为水是茶的载体，饮茶时愉悦快感的产生，无穷意念的回味，都要通过水来实现。水质欠佳，茶叶中的各种营养成分会受到污染，以致闻不到茶的清香，尝不到茶的甘醇，看不到茶的晶莹。

　　陆羽特别强调煮茶时选水的重要性，他主张选用"山水上，江水次，井水下"。陆羽又对煮茶之水温颇有讲究，直至今天，茶道中仍然坚持煮茶要用将开未开之水，最好不用大开的滚水，因为，大开的滚水"老而不可食也"。

　　由于人们用茶的角度不同，所在地域环境各异，特别是在古代，对水品产生了不同评判的标准和说法。但总的来说，我们可将古人煮茶的用水标准归纳为以下几点：

　　标准一：水要"清"。清是指水质无色透明，清澈可辨，这是古人煮茶用水标准的基本要求。

　　标准二：水要"活"。活是指水源有流。

　　标准三：水要"轻"。轻，指的是轻水。古人要求水轻，其道理与今天科学分析的软水、硬水有关。软水轻，硬水重。硬水中含有较多的镁、钙离子，因而所沏茶汤滋味苦涩，汤色暗昏。

　　标准四：水要"甘"。甘，是指水的滋味。好的山泉入口甘甜，说明了水要有甘甜之味、洁净之美，才能是好水。

　　标准五：水要"冽"。冽就是冷而寒的意思。古人十分推崇冰雪煮茶。认为用寒冷的雪水、冰水煮茶，其茶汤滋味尤佳。

煮茶选水看名泉

　　神州华夏，泉流众多。名泉泡名茶，自古为茶人所推崇。这里仅介绍几处，供读者参考。

趵突泉

　　趵突泉位于济南市历下区，该泉位居济南七十二名泉之首，被誉为"天下第一泉"，也是最早见于古代文献的济南名泉。

　　趵突泉水分三股，昼夜喷涌，水盛时高达数尺。所谓"趵突"，即跳跃奔突之意，反映了趵突泉三窟迸发、喷涌不息的特点。"趵突"不仅字面古雅，

音义兼顾，以"趵突"形容泉水"跳跃"之状、喷腾不息之势，同时又以"趵突"模拟泉水喷涌时的"扑嘟""扑嘟"之声，可谓绝妙绝佳。北魏郦道元《水经注》载："泺水入焉。水出历城县故城西南，泉源上奋，水涌若轮。"金代诗人元好问描绘说："且向波间看玉塔。"元代著名书法家、诗人赵孟頫在《趵突泉》诗中赞道："泺水发源天下无，平地涌出白玉壶。"清代诗人何绍基喻之为"万斛珠玑尽倒飞"，清朝刘鹗《老残游记》载："池子正中间三股大泉，从池底冒出，翻上水面有二三尺高。"《历城县志》中对趵突泉的描绘最为详尽："平地泉源鬻沸，三窟突起，雪涛数尺，声如殷雷，冬夏如一。"著名文学家蒲松龄则认为趵突泉是"海内之名泉第一，齐门之胜地无双。"

 惠山泉

相传惠山泉是唐朝大历末年，由元锡县令警澄派人开凿的。当时凿成两池，上池圆，水色澄碧，饮用水都在这里汲取；下池方，虽一脉相通，但水质不如上池清澈。被陆羽称为"天下第二"。

　　相传唐武宗时，宰相李德裕很爱惠山泉水，曾令地方官用坛封装，驰马传递数千里，从江苏运到陕西，供他煎茶。因此唐朝诗人皮日休曾将此事和杨贵妃驿递荔枝之事相比，作诗讥讽："丞相常思煮茗时，郡侯催发只嫌迟。吴国去国三千里，莫笑杨妃爱荔枝。"

　　二泉亭上有景徽堂，在此可品尝二泉水烹煮的香茗，并欣赏泉周围的美妙景致。从二泉亭北上有竹护山房、秋雨堂、隔红尘廊、云起楼等古建筑。听松堂也在二泉亭附近。亭内置一古铜色巨石，称为石床，光可鉴人，可以偃卧。石床一端镌刻"听松"二字，为唐代书法家李阳冰所书。皮日休在此听过松涛，留有诗句："殿前日暮高风起，松子声声打石床。"从二泉亭登山可达惠山山顶，纵眺太湖风景，历历在目。

观音泉

　　观音泉又名陆羽井，位于苏州虎丘山观音殿后，井口一丈余见方，四旁石壁，泉水终年不断，清澈甘洌。

　　苏州虎丘虽然是座小山，但其山势雄奇如蹲虎状，它的峰顶，更像从海中涌出一般。虎丘寺的石泉水，加上"碧螺春"，在此煮茶品茗，别有一番情趣。难怪元朝名人顾瑛夸曰："雪雾春泉碧，苔浸石瓷青，如何陆鸿渐，不入品茶经。"

虎跑泉

　　虎跑泉位于西湖西南大慈山的白鹤峰下，以泉水甘洌醇厚闻名，与观音泉

同享"天下第三泉"之誉。

古往今来，凡是来杭州游历的人们，无不以能身临其境品尝一下以虎跑甘泉冲泡西湖龙井为快事。历代的诗人们留下了许多赞美虎跑泉水的诗篇。大文豪苏东坡就为其作过一首名为《虎跑泉》的诗："亭亭石塔东峰上，此老初来百神仰。虎移泉眼趁行脚，龙作浪花供抚掌。至今游人盥濯罢，卧听空阶环玦响。故知此老如此泉，莫作人间去来想。"清代诗人黄景仁在《虎跑泉》一诗中有云："问水何方来？南岳几千里。龙象一帖然，天人共欢喜。"

 ## 龙井泉

龙井泉水出自山岩中，水味甘甜，四季不干，清如明镜。龙井泉的水由地下水与地面水两部分组成。地下水比重较大，因此地下水在下，地面水在上，如果用棒搅动井内泉水，下面的泉水会翻到水面，形成一圈分水线，当地下泉水

重新沉下去时，分水线渐渐缩小，最终消失，非常有趣。

古往今来，多少名人雅士都慕名前来龙井游历，饮茶品泉，留下了许多赞赏龙井泉和龙井茶的优美诗篇。元代虞集在游龙井的诗中赞美龙井茶道："烹煎黄金芽，不取谷雨后，同来二三子，三咽不忍漱。"明代田艺衡《煮泉小品》则更高度评价了龙井茶："今武林诸泉，惟龙泓入品，而茶亦惟龙泓山为最。……又其上为老龙泓，寒碧倍之。其地产茶，其为南北山绝品。"

中冷泉

中冷泉也叫中濡泉、南冷泉，位于江苏镇江金山寺外。唐宋之时，金山还是"江心一朵芙蓉"，中冷泉也在长江中。据记载，以前泉水在江中，江水来自西方，受到石牌山和鹘山的

阻挡，水势曲折转流，分为三冷，即南冷、中冷、北冷，而泉水就在中间一个水曲之下，故名"中冷泉"。因位置在金山的西南面，又称"南冷泉"。

中冷泉水宛如一条戏水白龙，自池底汹涌而出。"绿如翡翠，浓似琼浆"，泉水甘洌醇厚，特宜煎茶。唐陆羽品评天下泉水时，中冷泉名列全国第七，陆羽之后的后唐名士刘伯刍把宜茶的水分为七等，扬子江的中冷泉依其水味和煮茶味佳为第一等。用此泉沏茶，清香甘洌，相传有"盈杯不溢"之说，注泉水于杯中，水虽高出杯口二三分都不溢流，水面上放一枚硬币，不见沉底。从此中冷泉被誉为"天下第一泉"。

 **谷帘泉**

谷帘泉位于庐山的主峰大汉阳峰南面康王谷中。谷帘泉也有一个"天下第一泉"的名号，只不过此名为"茶圣"陆羽所定。相传陆羽嗜茶，对泡茶之水极有研究，遍尝天下名泉之水，按所泡出茶汤的美味程度，称"庐州康王谷水帘水，第一"。

因得到"茶圣"陆羽的推崇，谷帘泉名动天下，引得天下无数的好茶品泉者纷纷前来观赏谷帘美景，品鉴山泉之美味。宋代的陆游、苏轼、秦观、朱熹、王安石等名士大家都曾到此游览，品尝"琼浆玉液"茶，认为此处泉水"具备诸美而绝品也"，并留下了许多绚丽的赞景品泉诗篇。苏轼曾称赞"谷帘自古珍泉"，并留诗称颂："此水此茶俱第一，共成三绝景中人。"宋代名人王禹偁对谷帘泉水赞许有加，称其"水之来计程，一月矣，而其味不败。取茶煮之，浮云蔽雪之状，与井泉绝殊"，形象生动地描述出谷帘泉水泡茶的形色之美。

 **金沙泉**

金沙泉池位于浙苏皖三省交界的顾渚虎头岩后贡茶院西，是一眼直径约120厘米的泉眼。水从泉眼涌流，终年不断。

金沙泉周边环境清幽，是旅游品茗的圣地。在几分古典的院墙内，清幽的竹林边临水建有一陆羽茶室，泉声林涛甚是悦耳。茶室内端放着纪念陆羽的铜像，"杯里紫茶香代酒，琴中绿水静留宾"的门联告诉人们，这里是品茗赏泉的好地方。缓步走过小桥，高的是杉柳，矮的是茶柏，渠边草青青，水中波悠悠，阳光下到处都泛着生命的绿色。尤其是那水，至清如无水，游鱼历历可数。沿鹅卵石嵌铺的曲径逆水行百米，见源头有一池，池中矗一石碑，刻"金沙泉"三个红色大字，字体肥厚，笔力遒劲，倒映水中，格外醒目。

池中尽是嶙峋怪石，初看水不盈瓯一触即着，其实丈余，石缝中泉水汩汩

而出，叮咚作响，小心地捧一捧清泉，清凉透彻，品之甘甜。用此水烧开沏紫
笋茶，顿生奇观："叶芽显紫，新梢如笋，嫩叶背卷，青翠芳馨，嗅之醉人，
啜之赏心。"

此乃草中英

——茶之饮篇

Tea

《茶经》六之饮

翼而飞，毛而走，呿而言①。此三者俱生于天地间，饮啄以活，饮之时义远矣哉！至若救渴，饮之以浆；蠲②忧忿，饮之以酒；荡昏寐，饮之以茶。

茶之为饮，发乎神农氏③，闻于鲁周公④，齐有晏婴⑤，汉有扬雄、司马相如⑥，吴有韦曜⑦，晋有刘琨、张载、远祖纳、谢安、左思之徒⑧，皆饮焉。滂时浸俗，盛于国朝，两都并荆渝间⑨，以为比屋之饮。

饮有粗茶、散茶、末茶、饼茶者，乃斫、乃熬、乃炀、乃舂，贮于瓶缶之中，以汤沃焉，谓之痷⑩茶。或用葱、姜、枣、橘皮、茱萸、薄荷之等，煮之百沸，或扬令滑，或煮去沫。斯沟渠间弃水耳，而习俗不已。

於戏！天育万物，皆有至妙。人之所工，但猎浅易。所庇者屋，屋精极；所著者衣，衣精极；所饱者饮食，食与酒皆精极之。茶有九难：一曰造，二曰别，三曰器，四曰火，五曰水，六曰炙，七曰末，八曰煮，九曰饮。阴采夜焙，非造也；嚼味嗅香，非别也；膻鼎腥瓯，非器也；膏薪庖炭，非火也；飞湍壅潦⑪，非水也；外熟内生，非炙也；碧粉缥尘，非末也；操艰搅遽⑫，非煮也；夏兴冬废，非饮也。

夫珍鲜馥烈者，其碗数三。次之者，碗数五。若坐客数至五，行三碗；至七，行五碗；若六人已下，不约碗数，但阙一人而已，其隽永补所阙人。

◎注释

①呿（qù）而言：呿，张口。《集韵》："启口谓之呿。"这里指开口会说话的人类。

②蠲（juān）：除去，清除。

③神农氏：传说中的上古三皇之一，教民稼穑，号神农，后世尊为炎帝。

④鲁周公：名姬旦，周文王之子，辅佐武王灭商，建西周王朝，制礼作乐，后世尊为周公，因封国在鲁，又称鲁周公。

⑤晏婴（？—500）：字平仲，春秋之际政治家，齐国名相。

⑥司马相如（约前179—前127）：字长卿，蜀郡成都人。西汉著名文学家，著有《子虚赋》《上林赋》等。

⑦韦曜（220—280）：应作韦昭，字弘嗣，三国吴人，官至太傅。

⑧刘琨、张载、远祖纳、谢安、左思之徒：刘琨（271—318），字越石，晋中山魏昌（今河北无极县）人，曾任西晋平北大将军等职；张载，字孟阳，晋安平（今河北深州市）人，文学家，有《张孟阳集》传世；远祖纳，即陆纳（320？—395），字祖言，吴郡吴（今江苏苏州）人，晋时官至尚书令，陆羽与其同姓，故尊为远祖；谢安（320—385），字安石，陈国阳夏（今河南太康县）人，东晋名臣；左思（约250—305），字太冲，山东临淄人，著名文学家，代表作有《三都赋》《咏史》等。

⑨两都并荆渝间：两都，长安和洛阳。荆，荆州，治所在今湖北江陵。渝，渝州，治所在今重庆一带。

⑩痷：《茶经》中的泡茶术语，指以水浸泡茶叶之意。

⑪飞湍壅潦（lǎo）：飞湍，飞奔的急流。潦，积水。壅潦，停滞不流的水。

⑫操艰搅遽（jù）：操作不熟练、慌乱。遽，惶恐、窘急。

儒雅品味茶膳

在古时候，茶是作为药用的，而药物又是与食物不可分割的。因此，用茶掺食作为菜肴、食品和膳食，自古以来就有的。

随着生活水平和养生保健意识的提高，人们开始将茶与我们日常膳食结合起来，于是就形成了茶膳。如今天比较流行的茶末荞麦面、茶末点心、茶末豆腐、茶末巧克力、绿茶口香糖等都是市场上的畅销食品。接下来介绍几款比较时尚的营养茶膳。

樟茶鸭

樟茶鸭是四川成都著名的熏烤菜之一。此菜皮酥肉嫩，色泽红润，味道鲜美，具有特殊的樟茶香味。

○原料

肥公鸭1只，盐、绍酒、花椒粉、胡椒粉、醪糟汁等各适量。

○做法

1.将鸭从背尾部开小口，取出内脏洗净，以调料抹全身，腌后以沸水紧皮，沥干水。

2.将鸭放入熏炉内，以樟树叶、花茶叶拌稻草点燃，待鸭皮熏呈黄色时取出，置大碗中蒸后凉凉。

3.将鸭放入油锅中炸至鸭皮酥香时捞出，切段，复原于盘中即成。

龙井虾仁

顾名思义，龙井虾仁是配以龙井茶的嫩芽烹制而成的虾仁，是富有杭州地方特色的名菜。成菜虾仁白玉鲜嫩，茶叶碧绿清香，色泽雅致，滋味独特。

○原料

活大河虾1000克，龙井新茶1.5克，鸡蛋1个，绍酒1.5克，精盐3克，味精2.5克，淀粉40克，熟猪油1000克（约耗75克）。

○做法

1.将虾去壳，挤出虾仁，换水再洗。这样反复洗三次，把虾仁洗得雪白后，取出沥干水分（或用洁净干毛巾吸水），放入碗内，加盐、味精和蛋清，用筷子搅拌至有黏性时，放入干淀粉拌和上浆。

2.取茶杯一个，放上茶叶，用沸水50克泡开（不要加盖），放1分钟，滤出40克茶汁，剩下的茶叶和汁待用。

3.炒锅上火，用油滑锅后，下熟猪油，烧至四五成热，放入虾仁，并迅速用筷子划散，约15秒钟后取出，倒入漏勺沥油。

4.炒锅内留油少许置火上，将虾仁倒入锅中，并迅速倒入茶叶和茶汁，倒入绍酒，加盐和味精，颠炒几下，即可出锅装盘。

白云伴月

白云伴月是由豆腐、河虾与茶叶搭配而成的茶膳，清淡而又风味独特、营养丰富。

○原料

嫩豆腐2盒，河虾12条，包种茶（或铁观音）末、盐、鲜酱油、糖、茶汤各适量，生粉、油各少许。

○做法

1.豆腐切块（每盒切成6块），再将每块豆腐朝上一面的四角削去，使上面呈菱形备用。

2.河虾去头，剥壳，留虾尾，洗净加盐、茶末、生粉、油拌匀，然后把虾尾朝上在每块豆腐上各放一条。

3.将茶汤、鲜酱油、糖混合成高汤备用。

4.豆腐及河虾上笼，用大火蒸3分钟后取出，淋上高汤，撒上葱花即成。

 绿茶炖白鲫

本茶膳鱼汤鲜美，鱼肉带有淡淡的绿茶味。

○原料

备料：三两重白鲫鱼3条，上等福安绿茶25克（手抓一把），水1000毫升。

○做法

白鲫洗净，刮去肚内黑膜（不刮鱼鳞），与茶叶、清水同时放入白瓷陶钵，隔水炖。大火3~5分钟至锅内水沸，转中火炖10分钟，再转小火炖30分钟。

 观音童子鸡

本茶膳茶香扑鼻，营养丰富，食之不腻，具有滋补强身的功效。

○原料

备料：铁观音茶叶10克，童子鸡1只（约1000克）。

○做法

1.将茶叶10克用1500毫升热开水冲泡三分钟，捞出茶叶，加入盐、黄酒、葱、姜，制成酱汁，备用。

2.将童子鸡洗净，从腹部剖开，拍断大骨，入开水汆烫后洗净，腹中放入姜片，再上锅蒸熟。

3.将童子鸡放入酱汁中，浸泡24小时后取出白切即成。

 ## 清蒸茉莉茶鲫鱼

本茶膳清新爽口，茶香浓郁，味嫩鲜美。

○原料

备料：鲫鱼1条，茉莉花茶5克，火腿肉20克。

○做法

1.将鱼杀好、洗净，备用。

2.将火腿肉切片放于鲫鱼上，姜切成碎末，加入茶叶、盐、黄酒、油拌匀塞入鱼肚内。

3.将鱼放盘中上笼蒸熟即成。

 ## 茶眷炸鸡翅

本茶膳色泽金黄，茶香四溢，鲜美无比。

○原料

备料：鸡翅中5对，乌龙茶5克。

○做法

1.乌龙茶用少量沸水冲泡3分钟，制成浓茶汁。

2.茶汁中加入盐、黄酒、炸鸡粉、鸡蛋，制成调味料。

3.把鸡翅放入调味料中腌制2小时。

4.锅中放油烧至六成热，把鸡翅放入油中，炸至金黄时捞出即可。

 碧螺老鸭煲

本茶膳咸鲜浓香，质嫩松软，汤清爽口。

○**原料**

备料：碧螺春茶10克，老鸭1只（约1000克）、天目笋干200克。

○**做法**

1.将茶叶10克用1500毫升热开水冲泡三分半钟，捞出茶叶，留茶汤备用。

2.天目笋干用冷水浸泡4小时，撕成小片切成段。

3.将老鸭洗净，从背部剖开，切去背脊骨和鸭屁股，拍断大骨，入开水氽烫后洗净，再浸入凉茶汤中。

4.将鸭入锅，加入茶汤、笋干、葱、姜、黄酒，用旺火烧开后改用小火煮1小时，至鸭、笋干酥软后，加入盐调味即成。

名人茶话汇

——茶之事篇

《茶经》七之事

三皇　炎帝神农氏

周　鲁周公旦，齐相晏婴

汉　仙人丹丘子、黄山君，司马文园令相如，扬执戟雄

吴　归命侯[①]，韦太傅弘嗣

晋　惠帝[②]，刘司空琨，琨兄子兖州刺史演，张黄门孟阳[③]，傅司隶咸[④]，江洗马统[⑤]，孙参军楚[⑥]，左记室太冲，陆吴兴纳，纳兄子会稽内史俶，谢冠军安石，郭弘农璞，桓扬州温[⑦]，杜舍人育，武康小山寺释法瑶，沛国夏侯恺[⑧]，余姚虞洪，北地傅巽，丹阳弘君举，乐安任育长[⑨]，宣城秦精，敦煌单道开[⑩]，剡县陈务妻，广陵老姥，河内山谦之

后魏　琅琊王肃[⑪]

宋　新安王子鸾，鸾兄豫章王子尚[⑫]，鲍照妹令晖[⑬]，八公山沙门昙济[⑭]

齐　世祖武帝[⑮]。

梁　刘廷尉[⑯]，陶先生弘景[⑰]

皇朝　徐英公勣[⑱]

《神农食经》[⑲]："茶茗久服，令人有力、悦志。"

周公《尔雅》："槚，苦茶。"

《广雅》[⑳]云："荆、巴间采叶作饼，叶老者，饼成，以米膏出之。欲煮茗饮，先炙令赤色，捣末置瓷器中，以汤浇覆之，用葱、姜、橘子芼之。其饮醒酒，令人不眠。"

《晏子春秋》[㉑]："婴相齐景公时，食脱粟之饭，炙三弋、五卵，茗菜而已。"

司马相如《凡将篇》[㉒]："乌喙、桔梗、芫华、款冬、贝母、木蘖、蒌、芩草、芍药、桂、漏芦、蜚廉、雚菌、荈诧、白敛、白芷、菖蒲、芒消、莞椒、茱萸。"

《方言》："蜀西南人谓茶曰葰。"

《吴志·韦曜传》："孙皓每飨宴，坐席无不率以七升为限，虽不尽入口，皆浇灌取尽。曜饮酒不过二升。皓初礼异，密赐茶荈以代酒。"

《晋中兴书》㉓："陆纳为吴兴太守时，卫将军谢安尝欲诣纳。（原注：《晋书》以纳为吏部尚书。）纳兄子俶怪纳无所备，不敢问之，乃私蓄十数人馔。安既至，所设唯茶果而已。俶遂陈盛馔，珍羞必具。及安去，纳杖俶四十，云：'汝既不能光益叔父，奈何秽吾素业？'"

《晋书》："桓温为扬州牧，性俭，每燕饮，唯下七奠柈茶果而已。"

《搜神记》㉔："夏侯恺因疾死，宗人字苟奴察见鬼神，见恺来收马，并病其妻。著平上帻，单衣，入坐生时西壁大床，就人觅茶饮。"

刘琨《与兄子南兖州㉕刺史演书》云："前得安州㉖干姜一斤，桂一斤，黄芩一斤，皆所须也。吾体中溃（原注：溃，当作愦。）闷，常仰真茶，汝可置之。"

傅咸《司隶教》曰："闻南市有蜀妪作茶粥卖，为廉事打破其器具，后又卖饼于市。而禁茶粥以困蜀姥，何哉？"

《神异记》㉗："余姚人虞洪入山采茗，遇一道士，牵三青牛，引洪至瀑布山曰：'吾，丹丘子也。闻子善具饮，常思见惠。山中有大茗，可以相给，祈子他日有瓯牺之余，乞相遗也。'因立奠祀。后常令家人入山，获大茗焉。"

左思《娇女诗》㉘："吾家有娇女，皎皎颇白皙。小字为纨素，口齿自清历。有姊字惠芳，眉目粲如画。驰骛翔园林，果下皆生摘。贪华风雨中，倏忽数百适。心为茶荈剧，吹嘘对鼎䂀。"

张孟阳《登成都楼》㉙诗云："借问扬子舍，想见长卿庐。程卓累千金，骄侈拟五侯。门有连骑客，翠带腰吴钩。鼎食随时进，百和妙且殊。披林采秋橘，临江钓春鱼。黑子过龙醢，果馔逾蟹蝑。芳茶冠六清，溢味播九区。人生苟安乐，兹土聊可娱。"

傅巽《七诲》："蒲桃宛柰，齐柿燕栗，峘阳黄梨，巫山朱橘，南中茶子，西极石蜜。"

弘君举《食檄》："寒温既毕，应下霜华之茗；三爵而终，应下诸蔗、木瓜、元李、杨梅、五味、橄榄、悬钩、葵羹各一杯。"

孙楚《歌》："茱萸出芳树颠，鲤鱼出洛水泉。白盐出河东，美豉出鲁渊。姜、桂、茶荈出巴蜀，椒、橘、木兰出高山。蓼苏出沟渠，精稗出中田。"

华佗《食论》㉚："苦茶久食，益意思。"

壶居士㉛《食忌》："苦茶久食，羽化。与韭同食，令人体重。"

郭璞《尔雅注》云："树小似栀子，冬生叶可煮羹饮。今呼早取为茶，晚取为茗，或一曰荈，蜀人名之苦茶。"

《世说》㉜："任瞻，字育长，少时有令名，自过江失志。既下饮，问人云：'此为茶？为茗？'觉人有怪色，乃自申明云：'向问饮为热为冷'。"

《续搜神记》㉝："晋武帝时，宣城市人秦精，常入武昌山采茗，遇一毛人，长丈余，引精至山下，示以丛茗而去。俄而复还，乃探怀中橘以遗精。精怖，负茗而归。"

《晋四王起事》㉞："惠帝蒙尘还洛阳，黄门以瓦盂盛茶上至尊。"

《异苑》㉟："剡县陈务妻，少与二子寡居，好饮茶茗。以宅中有古冢，每饮辄先祀之。二子患之曰：'古冢何知？徒以劳意！'欲掘去之，母苦禁而止。其夜，梦一人云：'吾止此冢三百余年，卿二子恒欲见毁，赖相保护，又享吾佳茗，虽潜壤朽骨，岂忘翳桑之报㊱。'及晓，于庭中获钱十万，似久埋者，但贯新耳。母告二子，惭之，从是祷馈愈甚。"

《广陵耆老传》："晋元帝时有老姥，每旦独提一器茗，往市鬻之，市人竞买。自旦至夕，其器不减，所得钱散路傍孤贫乞人，人或异之。州法曹絷之狱中。至夜，老姥执所鬻茗器，从狱牖中飞出。"

《艺术传》㊲："敦煌人单道开，不畏寒暑，常服小石子，所服药有松、桂、蜜之气，所饮茶苏而已。"

释道说《续名僧传》："宋释法瑶，姓杨氏，河东人。元嘉中过江，遇沈台真，请真君武康小山寺，年垂悬车，（原注：悬车，喻日入之候，指重老时也。《淮南子》㊳曰："日至悲泉，爰息其马"，亦此意。）饭所饮茶。大明中，敕吴兴礼致上京，年七十九。"

宋《江氏家传》[39]：“江统，字应元，迁愍怀太子[40]洗马，尝上疏，谏云：'今西园卖醢[41]、面、蓝子、菜、茶之属，亏败国体。'”

《宋录》：“新安王子鸾、豫章王子尚诣昙济道人于八公山。道人设茶茗，子尚味之曰：'此甘露也，何言茶茗？'”

王微《杂诗》[42]：“寂寂掩高阁，寥寥空广厦。待君竟不归，收领今就槚。”

鲍照妹令晖著《香茗赋》。

南齐世祖武皇帝遗诏[43]：“我灵座上慎勿以牲为祭，但设饼果、茶饮、干饭、酒脯而已。”

梁刘孝绰《谢晋安王饷米等启》[44]：“传诏李孟孙宣教旨，垂赐米、酒、瓜、笋、菹、脯、酢、茗八种。气苾新城，味芳云松。江潭抽节，迈昌荇之珍。疆场擢翘，越葺精之美。羞非纯束野麏，裛似雪之驴。鲊异陶瓶河鲤，操如琼之粲。茗同食粲，酢类望柑。免千里宿舂，省三月粮聚。小人怀惠，大懿难忘。”

陶弘景《杂录》：“苦茶轻身换骨，昔丹丘子、黄山君服之。”

《后魏录》：“琅琊王肃仕南朝，好茗饮、莼羹[45]。及还北地，又好羊肉、酪浆。人或问之：'茗何如酪？'肃曰：'茗不堪与酪为奴。'”

《桐君录》[46]：“西阳、武昌、庐江、晋陵[47]好茗，皆东人作清茗。茗有饽，饮之宜人。凡可饮之物，皆多取其叶。天门冬、拔揳取根，皆益人。又巴东[48]别有真茗茶，煎饮令人不眠。俗中多煮檀叶并大皂李作茶，并冷。又南方有瓜芦木，亦似茗，至苦涩，取为屑茶饮，亦可通夜不眠。煮盐人但资此饮，而交、广[49]最重，客来先设，乃加以香芼辈。”

《坤元录》[50]：“辰州溆浦县西北三百五十里无射山，云蛮俗当吉庆之时，亲族集会歌舞于山上。山多茶树。”

《括地图》[51]：“临蒸[52]县东一百四十里有茶溪。”

山谦之《吴兴记》[53]：“乌程县[54]西二十里，有温山，出御荈。”

《夷陵图经》[55]：“黄牛、荆门、女观、望州等山，茶茗出焉。”

《永嘉图经》：“永嘉县[56]东三百里有白茶山。”

《淮阴图经》：“山阳县⁵⁷南二十里有茶坡。”

《茶陵图经》云：“茶陵⁵⁸者，所谓陵谷生茶茗焉。”

《本草·木部》：“茗，苦茶。味甘苦，微寒，无毒。主瘘疮，利小便，去痰渴热，令人少睡。秋采之苦，主下气消食。”注云：“春采之。”

《本草·菜部》⁵⁹：“苦菜，一名茶，一名选，一名游冬，生益州川谷，山陵道傍，凌冬不死。三月三日采，干。”《注》云：“疑此即是今茶，一名茶，令人不眠。”《本草》注：“按《诗》云‘谁谓茶苦’⁶⁰，又云‘堇茶如饴’⁶¹，皆苦菜也。陶谓之苦茶，木类，非菜流。茗春采，谓之苦搽。”

《枕中方》：“疗积年瘘，苦茶、蜈蚣并炙，令香熟，等分，捣筛，煮甘草汤洗，以末傅之。”

《孺子方》：“疗小儿无故惊蹶，以苦茶、葱须煮服之。”

◎ 注释

①归命侯：即孙皓（242—283），东吴亡国之君。280年，晋灭东吴，孙皓投降，被封为归命侯。

②惠帝：惠帝司马衷，西晋的第二代皇帝，290—306年在位。

③张黄门孟阳：张载，字孟阳，曾任中书侍郎，但未任过黄门侍郎。任黄门侍郎的是他的弟弟张协。

④傅司隶咸：傅咸（239—294），字长虞，北地泥阳（今陕西耀州）人，官至司隶校尉，简称司隶。

⑤江洗马统：江统（？—310），字应元，陈留县（今河南杞县南）人，曾任太子洗马。

⑥孙参军楚：孙楚（约218—293），字子荆，太原中都（今山西平遥县）人，曾任扶风参军。

⑦桓扬州温：桓温（312—373），字符子，龙亢（今安徽怀远县）人，曾任扬州牧等职。

⑧沛国夏侯恺：沛国，在今江苏沛县、丰县一带。夏侯恺，干宝《搜神记》中的人物。

⑨乐安任育长：乐安，在今山东邹平。任育长，生卒年不详，新安（今河南渑池）人。名瞻，字育长，曾任天门太守等职。

⑩单道开：东晋著名佛教徒，敦煌人，《晋书》有传。

⑪琅琊王肃：王肃（464—501），字恭懿，琅琊（今山东东南沿海一带）人，初仕南齐，后因父兄被齐武帝所杀，乃投北魏。受魏孝文帝器重礼遇，为魏制定朝仪礼乐。

⑫新安王子鸾，鸾兄豫章王子尚：刘子鸾、刘子尚，都是南北朝时宋孝武帝的儿子。一封新安王，一封豫章王。

⑬鲍照妹令晖：鲍照（约415—470），字明远，南朝宋文学家。其妹令晖，擅长诗赋。《玉台新咏》载其"著《香茗赋集》行于世"，但该集已佚。钟嵘《诗品》说她："往往崭新清巧，拟古尤胜。"

⑭八公山沙门昙济：八公山，在今安徽淮南。沙门，佛教指出家修行的人。昙济，著有《六家七宗论》，是南朝宋名僧。

⑮世祖武帝：南北朝时南齐的第二个皇帝，名萧赜，482—493年在位。

⑯刘廷尉：刘孝绰（481—539），彭城（今江苏徐州）人，文学家，历官著作佐郎、秘书丞、廷尉卿、秘书监。

⑰陶先生弘景：陶弘景（456—536），字通明，秣陵（今江苏江宁南）人，南朝齐梁时期道教思想家、医学家，著有《神农本草经集注》《肘后百一方》等。

⑱徐英公勣：徐世勣，即李勣（592—667），本姓徐，名世勣，字懋功，唐开国功臣，封英国公。唐太宗李世民赐姓李，避李世民讳改为单名勣。

⑲《神农食经》：古书名，已佚。

⑳《广雅》：字书。三国时张揖撰。

㉑《晏子春秋》：又称《晏子》，旧题齐晏婴撰，宋王尧臣等《崇文总目》认为当为后人采晏子事辑成，《茶经》所引内容见其卷六内篇杂下第六，文稍异。

㉒《凡将篇》：汉司马相如所撰，已佚。

㉓《晋中兴书》：原为八十卷，已佚，清黄奭辑存一卷，题为何法盛撰。

㉔《搜神记》：东晋干宝撰，计三十卷，本条见其书卷十六，文稍异。

㉕南兖州：晋时州名。

㉖安州：晋时州名，治所在今湖北安陆一带。

㉗《神异记》：西晋道士王浮著，原书已佚。

㉘左思《娇女诗》：原诗五十六句，陆羽所引仅为有关茶的十二句。

㉙张孟阳《登成都楼》：原诗三十二句，陆羽仅摘录有关茶的十六句。

㉚华佗《食论》：华佗（约141—208），字元化，东汉名医。传说其作《食论》，已佚。

㉛壶居士：道家人物，又称壶公。

㉜《世说》：南朝宋临川王刘义庆等著，计八卷，梁刘孝标作注，增为十卷，见《隋书·经籍志》。后不知何人增加"新语"二字。这一段陆羽有删节。

㉝《续搜神记》：旧本题陶潜撰，实为后人伪托。

㉞《晋四王起事》：南朝卢綝撰，原书已佚。

㉟《异苑》：东晋末刘敬叔所撰，今存十卷，已非原本。

㊱翳桑之报：翳桑，古地名。春秋时晋赵盾曾在翳桑救了将要饿死的灵辄，后来晋灵公欲杀赵盾，灵辄扑救出了赵盾。后世称此事为"翳桑之报"。

㊲《艺术传》：即唐房玄龄所著《晋书·艺术列传》，陆羽引文不是照录原文。

㊳《淮南子》：又名《淮南鸿烈》，为汉淮南王刘安及其门客所著，今存二十篇。

㊴《江氏家传》：南朝宋江统著，已佚。

㊵愍怀太子：晋惠帝之子，惠帝即位后立为太子，永康元年（300）被惠帝贾后害死，年仅21岁。

㊶醯（xī）：醋。

㊷王微《杂诗》：王微，南朝诗人。王微有《杂诗》二首，陆羽仅录第一首。

㊸南齐世祖武皇帝遗诏：南朝齐武帝名萧赜。遗诏写于永明十一年

（493）。

㊹梁刘孝绰《谢晋安王饷米等启》：刘孝绰，见前注。他本名冉，孝绰是他的字。晋安王名萧纲，昭明太子卒后，继立为皇太子，后登位称简文帝。

㊺莼羹：莼菜做的羹。

㊻《桐君录》：全名《桐君采药录》，已佚。

㊼西阳、武昌、庐江、晋陵：均为晋时郡名，治所分别在今河南光山西、湖北鄂州、安徽舒城、江苏常州一带。

㊽巴东：晋时郡名。辖境大概在今重庆。

㊾交、广：交州和广州。

㊿《坤元录》：古地理学书名，已佚。

(51)《括地图》：即《括地志》。

(52)临蒸：晋时县名，今湖南衡东县。

(53)《吴兴记》：南朝宋山谦之著，共三卷。

(54)乌程县：治所在今浙江湖州市。

(55)《夷陵图经》：夷陵，郡名，在今湖北宜昌西北，这是陆羽从方志中摘出自己加的书名。

(56)永嘉县：州治在今浙江温州市。

(57)山阳县：今称淮安县。

(58)茶陵：县名，即今湖南茶陵县。

(59)《本草·菜部》：《茶经》中所引《本草》即《新修本草》，又称《唐本草》。

(60)谁谓荼苦：语出《诗经·邶风·谷风》：“谁谓荼苦，其甘如荠。”这里是指野菜。

(61)堇荼如饴：语出《诗经·大雅·绵》：“周原朊朊，堇荼如饴。”

古代名人与茶

中华文化源远流长，博大精深。回顾唐诗、宋词、元曲，茶的倩影随处可见，与茶有关的古代名人几乎个个都是"茶博士"，是他们继承并发扬了中国的茶文化。

 陆羽

陆羽（733—804），字鸿渐，一名疾，字季疵，号竟陵子、桑苎翁、东岗子、东园先生、茶山御使，世称陆文学。唐复州竟陵（今湖北省天门市）

人，一生嗜茶，精于茶道，以著世界第一部茶叶专著《茶经》闻名于世，对中国和世界茶业的发展做出了卓越贡献，被誉为"茶仙"，奉为"茶圣"，祀为"茶神"。

陆羽一生富有传奇色彩。他原是一个被遗弃的孤儿，被龙盖寺和尚积公大师所收养。积公为唐代名僧，陆羽自幼得其教诲。积公好茶，所以陆羽很小便得茶艺之术。不过晨钟暮鼓对一个孩子来说毕竟过于枯燥，况且陆羽自幼志不在佛，而有志于儒学研究，故在十一二岁时终于逃离寺院。此后曾在一个戏班子学戏。陆羽口吃，但很有表演才能，经常扮演戏中丑角，正好掩盖了他生理上的缺陷。陆羽还会写剧本，曾作"诙谐数千言"。

天宝五载（746），李齐物到竟陵为太守，这成为陆羽一生中的重要转折点。在一次宴会中陆羽随伶人作戏，为李齐物所赏识，遂助其离戏班，到竟陵城外火门山从邹氏夫子读书，研习儒学。礼部员外郎崔国辅和李齐物一样十分爱惜人才，与陆羽结为忘年之交，并赠以"白颒乌"（白头黑身的大牛）和"文槐书函"。崔国辅擅长于五言小诗，并与杜甫相善。陆羽得名人指点，学问又大增一步。

22岁时陆羽离家远游，逢山驻马采茶，遇泉下鞍品水，目不暇接，口不暇访，笔不暇录，锦囊满获。他游历了宏伟壮丽的长江三峡，辗转大巴山，一口气踏访了彭州、绵州、蜀州、邛州、雅州等八州。唐上元初年（760），陆羽游览了湘、皖、苏、浙等十数州郡后，于次年到达盛产名茶的湖州，在风景秀丽的苕溪结庐隐居，潜心研究茶事，阖门著述《茶经》。

陆羽的《茶经》一问世，即为历代人所喜欢，盛赞他为茶业的开创之功。宋陈师道为《茶经》作序："夫茶之著书，自羽始。其用于世，亦自羽始。羽诚有功于茶者也！"陆羽除在《茶经》中全面叙述茶区分布和对茶叶品质高下的评价，还叙述了有许多首先为他所发现的名茶。如浙江长城（今长兴县）的

顾渚紫笋茶，经陆羽评为上品，后列为贡茶。义兴郡（今江苏宜兴）的阳羡茶，则是陆羽直接推举入贡的。不少典籍中还记载了陆羽品茶鉴水的神奇传说，如《新唐书·列传》中有《陆羽传》，就记载了陆羽品茶的故事。

唐大历八年（773），颜真卿出任

湖州刺史。经皎然荐引，陆羽拜会颜公之后，即成刺史的座上客。颜真卿看到江南人才众多，于是就发起重修《韵海镜源》的盛举，约陆羽等数十人共同编纂。陆羽接受邀请，参与编辑，趁机搜集历代茶事，又补充"七之事"，从而完成《茶经》全部著作任务，前后历时十几年。

在中国茶文化史上，陆羽所创造的一套茶学、茶艺、茶道思想以及他所著的《茶经》，是一个划时代的标志。陆羽与其他士人一样，悉心钻研中国儒家学说，深有造诣，但又不像一般文人为儒家学说所拘泥，而能入乎其中，出乎其外，把深刻的学术原理融于茶这种物质之中，从而创造了茶文化。

 **皎然**

皎然（约720—约804），湖州人，本名谢清昼，皎然为其法名，是唐代最有名的诗僧、茶僧。他在杭州灵隐寺受戒出家，后移居湖州妙喜寺，最后终老于此。《全唐诗》编其诗共7卷，他为后人留下了470首诗篇，在文学、佛学、茶学等许多方面均有深厚造诣，堪称一代宗师。

皎然是陆羽的长辈、导师、笃友、兄弟。在唐肃宗至德年间，陆羽去杭州时，途经湖州，借宿于妙喜寺，因此有缘与皎然结识。皎然素来嗜茶，不仅写过很多首以茶为题的诗歌，还十分仰慕陆羽的为人。此次二人相识，谈得十分投契，颇有相见恨晚之感，遂成为"缁素忘年之交"。

当时皎然大师已40多岁，乃杼山妙喜寺住持，有条件让陆羽安下心来潜心研究，陆羽也结束了动荡不安的生活，有了人生的着落。且不说其对陆羽的帮助、指导、交流、切磋，他自己也是茶文化领域的开山鼻祖！

如果说陆羽更多的是一个科学家，从茶科学、茶经验、茶业产业角度来著作《茶经》，那么皎然则更多的是从文学诗歌，从茶文化的角度进行研究，并且以他高深的佛门禅悟亲自体验开启了"佛茶之风"或"佛禅一味"，从而开创了整个中国茶道甚至是世界茶道之先河！他的《饮茶歌诮崔石使君》不但是大唐茶道更是中国茶道、世界茶道的开山之作！

皎然在技之道、饮之道方面也是顶尖高手，可以说与陆羽不相上下（由于皎然身处佛门，其对后人的影响力不及陆羽）。但从现存的能反映皎然茶道的茶诗看，由于两人不同的经历、不同的知识结构与努力方向，皎然在"饮茶修道，

饮茶即道"方面表现得更加杰出，是他首次把"饮茶之道，饮茶修道，饮茶即道"完整地、系统地通过茶诗阐述出来，而且第一次提出了"茶道"的概念与定义。

由此，当时的人认为中国茶道皇冠上的第一颗明珠应属皎然（如果说中华茶学、中国茶业第一人则自然非陆羽莫属），是皎然真正开创了中国茶道之先河。凭此一点，皎然被称为"茶道之祖""茶道之父"当之无愧。

 ## 毛文锡

毛文锡（生卒年不详），字平珪，南阳（今河南南阳）人，唐进士，后任后蜀翰林学士，升为内枢密使，加为文思殿大学士，拜为司徒。其后被贬为茂州司马。后蜀向后唐投降，毛文锡随后蜀皇帝王衍一起入后唐，与欧阳炯等人以辞章任职于内庭。著有《花间集》《茶谱》两部专著。

毛文锡是我国五代历史上茶文化中的重要人物，《茶谱》面世，标志着自陆羽之后我国茶叶有了一个突飞猛进的发展。

唐朝是我国茶叶、茶文化发展的一个高峰时期，《茶经》的出现，为唐朝茶文化占据了不可取代的地位。但与《茶经》相比，《茶谱》记载的内容在《茶经》的基础上有很大的突破，是仅次于《茶经》的一部茶文化巨著。

毛文锡以《茶经》少见的茶事着手，另辟蹊径，单从茶事这方面出发，研究各路茶事之大成，成功地完成了《茶谱》的创作，该书后来佚失，大多内容散记于一些辑本中。这是一部重点讲述唐后期名茶产地、产量、品位等内容，并涉及唐代后期所有产茶区和著名茶馆、茶人及四十余种唐代贡品茶叶或名优茶叶的专业茶书。

皮陆

"皮陆"并不是一个人的名字，而是皮日休和陆龟蒙的合称。

皮日休（约838—约883），字袭美，号逸少，居鹿门山，自号鹿门子，又号间气布衣、醉吟先生。晚唐著名文学家，湖北襄阳人。懿宗咸通八年（867）登进士第，次年东游，至苏州。早年即志在立功名，出游湖北、湖南、江西、安徽、河南，至长安，应进士举不第。咸通十年（869），为苏州刺史从事，与陆龟蒙相识。

陆龟蒙（？—约881），字鲁望，自号江湖散人、甫里先生，又号天随子，姑苏（今江苏苏州）人。唐代文学家。早年举进士不中，曾任湖苏二郡从事，后隐居甫里，虽有田数百亩，因地势低下，雨潦则与江通，故常苦饥。于顾渚山下经营一茶园，岁取租茶，自为品第，著有《品第书》。

皮日休与陆龟蒙相识后，与之唱和，成为一对亲密的诗友，世称"皮陆"。在他俩大量的唱和诗中，涉及茶的，皮日休有《茶中杂咏》十首之多，陆龟蒙有《奉和袭美茶具十咏》。他们在苏州这样一个美丽的地方烹茶品茗，且一唱一和，如此的情调和情景，实在是让人羡慕不已。

皮日休和陆龟蒙的十首唱和诗，分别有茶坞、茶人、茶笋、茶籝、茶舍、茶灶、茶焙、茶鼎、茶瓯、煮茶等十题。

就这样的一唱一和，皮日休和陆龟蒙把中国的茶文化，表现得妙趣横生，更把彼此间品茗的那种意趣刻画得入木三分。"皮陆"以诗的灵感，丰富生动的辞藻，形象的笔墨，艺术地描绘了唐代诸方面茶事，有力地推动了茶文化的发展。

 ## 卢仝

卢仝（约775—835），唐代诗人，"初唐四杰"之一卢照邻的嫡系子孙。祖籍范阳（今河北涿州），生于河南济源市武山镇（今思礼村），早年隐少室山，自号玉川子。

卢仝是韩孟诗派重要人物之一，曾作《月食诗》讽刺当时宦官专权，受到韩愈称赞（时韩愈为河南令）。甘露之变时，因留宿宰相王涯家，与王同时遇害。据清乾隆年间萧应植等所撰《济源县志》载：在县西北十二里武山头有"卢仝墓"，山上还有卢仝当年汲水烹茶的"玉川泉"。

卢仝好茶成癖，诗风浪漫，他的《走笔谢孟谏议寄新茶》诗，传唱千年而不衰，其中的"七碗茶诗"之吟，最为脍炙人口："一碗喉吻润，两碗破孤闷。三碗搜枯肠，唯有文字五千卷。四碗发轻汗，平生不平事，尽向毛孔散。五碗肌骨清，六碗通仙灵。七碗吃不得也，唯觉两腋习习清风生。"茶的功效和卢仝对茶饮的审美愉悦，在诗中表现得淋漓尽致。

 ## 蔡襄

蔡襄（1012—1067），字君谟，原籍仙游枫亭乡东垞村，后迁居莆田蔡垞村。天圣八年（1030）进士，先后在宋朝中央政府担任过馆阁校勘、知谏院、直史馆、知制诰、龙图阁直学士、枢密院直学士、翰林学士、三司使、端明殿

学士等职，并出任福建路（今福建福州市）转运使，知泉州、福州、开封（今河南开封市）和杭州府事。卒赠礼部侍郎，谥号忠。

蔡襄是著名的书法家，世人评他的书法是行书第一，小楷第二，草书第三。与苏轼、黄庭坚、米芾，共称"宋四家"。

同时，蔡襄又是我国茶史上一个很重要的人物。在茶史上，蔡襄有两大贡献，一是创制了"小龙凤团茶"，二是撰写了一部《茶录》。

小龙凤茶在宋代，是很名贵的茶，时人说它"始于丁谓，成于蔡襄"。在庆历年间，蔡襄任福建转运使时，开始改造成小团，一斤有二十饼，名曰"上品龙茶"。对于小龙凤茶，欧阳修曾给予高度评价。宋人王辟之在《渑水燕谈录》中说："一斤二十饼，可谓上品龙茶。仁宗尤所珍惜。"也就是说，在当时，蔡襄的小龙凤茶，被视为朝廷珍品，甚至很多朝廷大臣和后宫嫔妃都只能一睹其形貌，难获亲口品尝。

蔡襄撰写的《茶录》，其文虽只千余字，却非常系统。全文分为两篇，上篇论茶，下篇论茶器。上篇中对茶的色、香、味和藏茶、炙茶、碾茶、罗茶、候汤、点茶作了深入浅出又简明扼要的论述。在下篇中，他又对茶焙、茶笼、砧椎、茶铃、茶碾、茶罗、茶盏、茶匙、汤瓶进行了系统的论述和说明。

此外，蔡襄还很喜欢与人斗茶。一次，他与苏舜元斗茶。蔡襄使用的是上等精茶，水选用的是天下第二泉惠山泉；苏舜元选用的茶劣于蔡襄，用于煎茶的却是竹沥水。结果，在这次斗茶中，蔡襄输给了苏舜元。

在茶事上，蔡襄还有一段趣闻：一天，欧阳修要把自己的书《集古录目序》弄成石刻，因此就去请蔡襄帮忙书写。虽然他俩是好朋友，但蔡襄一听，就向欧阳修索要润笔费。欧阳修知道他是个茶痴，就说钱没有，只能用小龙凤团茶和惠山泉水替代润笔费，蔡襄一听，顿时欣喜不已，说道："竹清而不俗。"于是，两人就都笑了。

蔡襄一生爱茶，实可谓如痴如醉，在他老年得病后，郎中就叫他把茶戒了，说不戒茶的话，病情会加重，对此，蔡襄无可奈何，只得听从郎中的忠告。此时的蔡襄虽不能再饮茶了，但他每日仍烹茶玩耍，甚至是茶不离手。蔡襄对于茶的迷恋，正所谓："衰病万缘皆绝虑，甘香一味未忘情。"

 **范仲淹**

范仲淹（989—1052），字希文，吴县（今江苏苏州望亭）人。为北宋名臣，政治家、文学家、军事家，谥号"文正"。

范仲淹写的《和章岷从事斗茶歌》，脍炙人口，在古代茶文化园地里占有一席之地，这首斗茶歌说的是文人雅士以及朝廷命官，在闲适的茗饮中采取的一种高雅的品茗方式，主要是斗水品、茶品和煮茶技艺的高低。这种方式在宋代文士茗饮活动中颇具代表性。

全诗可分三个层次。开头部分描述了建溪水边、武夷山下珍奇仙茗的采制过程，并点出建茶的悠久历史："武夷仙人从古栽。"中间部分描写热烈的斗茶场面，写到斗茶分斗形、斗味、斗香和斗色，胜败如何，事关茶主的荣辱。结尾部分写得最为生动，诗人用夸张的手法，以一气呵成的一组排比，把对茶的赞美推向了高潮，并多处引典，衬托茶的神奇功效，"众人之浊我可清，千日之醉我可醒"，它胜过任何美酒、仙药，啜饮之后能让人飘然升天……

这首脍炙人口的茶诗，历来被后人与卢仝的《走笔谢孟谏议寄新茶》（《七碗茶歌》）相提并论，认为有异曲同工之妙。宋蔡正孙在《诗林广记》中评点曰："玉川（卢仝）自出胸臆，造诣稳贴，得诗人之句法；希文（范仲淹）排比故实，巧欲形容，宛成有韵之文，是故无优劣邪！"

《诗林广记》还引《艺苑雌黄》云："玉川子有《谢孟谏议惠茶歌》，范希文亦有《斗茶歌》，此二篇皆佳作也，殆未可以优劣论。"

除了《斗茶歌》，范仲淹还写过另一首茶诗——《潇洒楼》六首之五《茶鸠坑》。爱茶的范仲淹在《茶鸠坑》中对茶作了赞美：

潇洒桐庐郡，春山半是茶。

轻雷何好事，惊起雨前芽。

诗画相通，诗中有画。这四句清新明快，朗朗上口的诗，简直就是一幅令人神往的春雨江南茶山图。更富有感染力的是，范仲淹以拟人笔法，写出满山葱翠的茗芽，是隆隆春雷催出来的。可谓有景有画，有声有色，体现出范仲淹高深的文学造诣和对茶文化的研究。

 **黄庭坚**

黄庭坚（1045—1105），字鲁直，自号山谷道人，晚号涪翁，又称黄豫章，洪州分宁（今江西修水县）人，北宋诗人、词人、书法家，为盛极一时的江西诗派开山之祖。

黄庭坚嗜茶是出名的，有"分宁一茶客"之称。和大诗人苏轼、陆游一样，他不仅善品茶，而且爱写茶，有关茶的诗词，他作了不下50首。王士禛称其咏茶诗词最多，亦最工。

作为一个茶客，黄庭坚真是会选择出生地，要投生，当然就投生在一个专门出产名茶的地方。这个地方，古时叫洪州分宁，现在叫江西修水，此地盛产双井茶，而此茶在宋时是绝顶的好茶。

黄庭坚在京做官时，一天他的老乡从老家给他带来一包上等的双井茶。他拿到茶后，第一个想到的就是好友苏东坡，于是，他分了一半与他品尝。在送茶时，黄庭坚还特意附了一首题为《双井茶送子瞻》的诗，以表心意：

人间风日不到处，天上玉堂森宝书。

想见东坡旧居士，挥毫百斛泻明珠。

我家江南摘云腴，落硙霏霏雪不如。

为君唤起黄州梦，独载扁舟向五湖。

早年的黄庭坚，极好嗜酒，到了中年，就疾病缠身，此时的他不得不把酒戒了。戒了酒后，他唯一的嗜好，就剩下茶了。因此，对于茶，他更加痴迷与倾心。为茶事，黄庭坚也像其他文人墨客一样，写了很多诗文。

此外，黄庭坚对于茶的碾、煮、烹以及茶的功效等，都颇有心得和研究。他在一首题为《茶词》的词里，十分细腻地描绘出了对茶的感悟："味浓香永，醉乡路，成佳镜。恰如灯下，故人万里，归来对影。口不能言，心下快活自省。"黄庭坚在这首词里说，煎成的茶，清香袭人，不必品饮，先已清神醒酒了，如饮醇醪，如故人来了一样。从这首词中不难看出，他在煎煮茶的时候是多么惬意和陶醉。

 **高濂**

高濂（1573—1620），字深甫，号瑞南，浙江钱塘（今浙江杭州）人，明代戏曲作家。高濂能诗文，兼通医理，擅养生。著作有《玉簪记》《节孝记》及《遵生八笺》等。其中《八笺茶谱》是从《遵生八笺》中抽出成集的，成书于万历十九年（1591）。该书分为论茶品、采茶、藏茶、煎茶四要、试茶三要、茶效、茶器、论泉水等内容，还记载了明朝茶品产地。

高濂将茶列为养生佳品，列为服食首选饮品，在《茶效》中云：人饮真茶，能止渴消食，除痰醒脑，利尿，明目益思，除烦去腻。人不可一日无茶，除非是有所顾忌而不饮。

高濂爱用虎跑泉烹西湖龙井，二美齐备。他认为以虎跑泉烹龙井雨前茶，是"香清味洌，凉沁诗脾"。高濂在《茶泉论》中说龙井茶："真者天池不能及也。山中仅一二家，炒法甚精。近有山僧焙者，亦妙，但出龙井者，方妙。而龙井之山，不过十数亩。"文中说，由于龙井茶产地，山灵水美，加之炒制"甚精"，又所产不多，终使其地所产的龙井茶，成为妙不可言的"妙品"。高濂能"每春高卧山中，沉酣香茗一月"（《四时幽赏录虎跑泉试新茶》），也算得上是古今第一茶痴了！他不仅爱茶，还爱屋及乌地爱及满山茶花，其《四时幽赏录山头玩赏名花》云：

两山种茶颇蕃，仲冬花发，若月笼万树。每每入山，寻茶胜处，对花默其色笑，忽生一种幽香，极可人意。且花白若翦云绡，心黄俨抱檀屑。归折数枝，插觚为供，枝梢苍葶，颗颗俱开，足可一月清玩。更喜香沁枯肠，色怜青眼，素艳寒芳，自与春风姿态迥隔，幽闲佳客，孰过于君。

高濂对花"默其色笑"，喜其"香沁枯肠，色怜青眼，素艳寒芳"，视之为"幽闲佳客"，这是高濂内心感情的外化，是他欲做"幽闲佳客"的真实写照。

 **李渔**

李渔（1611—1680），初名仙侣，后改名渔，字谪凡，号笠翁，雉皋（今江苏如皋）人，明末清初文学家、戏曲家。

在李渔的作品中，对茶事有多方面的表现。

《明珠记煎茶》的剧情中，三十多名宫女去皇陵祭扫，途经长乐驿。这个驿站的驿官叫王仙客，听说他的未婚妻亦在其中，便乔装打扮，化装成煎茶女子，打探消息。王仙客坐用茶炉煎茶，待机而行，恰逢其未婚妻要吃茶，他便趁机得到了会面。在其中，煎茶和吃茶成了剧情发展的重要线索，茶，成了促进王仙客和其未婚妻情感的重要媒介。

李渔小说《夺锦楼》第一回"生二女连吃四家茶，娶双妻反合孤鸾命"。说的是渔行老板钱小江与妻子边氏有两个极为标致的女儿，可是夫妻俩却像仇敌一般。钱小江要把女儿许人，专断独行，边氏要招女婿，又不与丈夫通气。两人各自瞒天过海，导致两个女儿吃了四家的"茶"。"吃茶"，就是指女子受了聘礼。明代开始，娶妻多用茶为聘礼，所以，女子吃了"茶"，就算是定了亲。

李渔在《闲情偶寄》中，记述了不少的品茶经验。其卷四"居室部"中有"茶具"一节，专讲茶具的选择和茶的贮藏。他认为泡茶器具中阳羡砂壶最妙，但对当时人们过于钟爱紫砂壶而使之脱离了茶饮，则大不以为然。他认为："置物但取其适用，何必幽渺其说。"

他对茶壶的形制与实用的关系，做过仔细的研究："凡制茗壶，其嘴务直，购者亦然，一幽便可忧，再幽则称弃物矣。盖贮茶之物与贮酒不同，酒无渣滓，一斟即出，其嘴之曲直可以不论。茶则有体之物也，星星之叶，入水即成大片，斟泻之时，纤毫入嘴，则塞而不流。啜茗快事，斟之不出，大觉闷人。直则保无是患矣，即有时闭塞，亦可疏通，不似武夷九曲之难力导也。"

李渔论饮茶，讲求艺术与实用的统一，他的记载和论述，对后人有很大的启发。

 **袁枚**

袁枚（1716—1797），字子才，号简斋，钱塘（今浙江杭州）人，晚年自号仓山居士，随园主人，随园老人，诗人、诗论家。袁枚少有才名，擅长诗文，24岁中进士。袁枚是乾隆、嘉庆时期代表诗人之一，与赵翼、蒋士铨合称为"乾隆三大家"。

袁枚致力为文，著述颇丰，有《小仓山房诗文集》《随园诗话》《随园随笔》《随园食单》……其中《随园食单》是一部有系统地论述烹饪技术和南北菜点的著作，全书分须知单、戒单、海鲜单、杂素菜单、点心单、饭粥单、茶酒单等14个方面。

值得一提的是"茶酒单"一篇，此篇对于南北名茶均有所评述，此外还记载着不少茶制食品，颇有特色。其中有一种"面茶"，即是将面用粗茶汁熬煮后，再加上芝麻酱、牛乳等作料，面中散发淡淡茶香，美味可口，而"茶腿"是经过茶叶熏过的火腿，肉色火红，肉质鲜美而茶香四溢。由此可以看出袁枚是一个对茶、对饮食相当讲究的人。

袁枚认为，除了有好茶必须收藏得法才能保存长久，而要泡出一壶好茶，除了要有好的泉水之外，对于火候的控制亦是一门极重要的学问。对此他也有一段精彩的描述："欲治好茶，先藏好水，水求中冷惠泉，人家中何能置驿而办。然天泉水、雪水力能藏之，水新则味辣，陈则味甘。尝尽天下之茶，以武夷山顶所生，冲开白色者为第一。然入贡尚不能多，况民间乎！"

袁枚提到收藏茶叶的方法："其次，莫如龙井，清明前者号莲心，太觉味淡，以多用为妙。雨前做好一旗一枪，绿如碧玉。收法须用小纸包，每包四两放石灰坛中，过十日则换古灰，上用纸盖扎住，否则气出而色味全变矣。"

至于烹煮的方法，袁枚也有独到的妙法："烹时用武火，用穿心罐一滚便泡，滚久则水味变矣！停滚再泡则叶浮矣。一泡便饮，用盖掩之则味又变矣。此中消息，间不容发也，山西裴中丞尝谓人曰：'余昨日过随园，才吃一杯好茶，呜呼！'"

现代名人与茶

 鲁迅妙论茶

鲁迅对喝茶与人生有着独特
的理解，并且善于借喝茶来剖析
社会和人生中的弊病。

鲁迅有一篇名为《喝茶》的
文章，其中说道："有好茶喝，
会喝好茶，是一种'清福'。不
过要享这'清福'，首先就须有
功夫，其次是练习出来的特别感

觉。""喝好茶，是要用盖碗的，于是用盖碗，泡了之后，色清百味甘，微香
而小苦，确是好茶叶。但这是须在静坐无为的时候的。"

后来，鲁迅把这种品茶的"功夫"和"特别感觉"喻为一种文人墨客的娇
气和精神的脆弱，而加以辛辣的嘲讽。

鲁迅在文章中这样说：

由这一极琐屑的经验，我想，假使是一个使用筋力的工人，在喉干欲裂的
时候，那么给他龙井芽茶、珠兰窨片，恐怕他喝起来也未必觉得和热水有什么
区别罢。所谓"秋思"，其实也是这样的，骚人墨客，会觉得什么"悲哉秋之
为气也"，一方面也就是一种"清福"，但在老农，却只知道每年的此际，就是
要割稻而已。

从鲁迅先后的文章中可见"清福"并非人人可以享受，这是因为每个人的

命运不一样。同时，鲁迅先生还认为"清福"并非时时可以享受，它也有许多弊端，享受"清福"要有个度，过分的"清福"，有不如无。接着，鲁迅这样写道：

于是有人以为这种细腻敏锐的感受力，当然不属于粗人，这是上等人的牌号……我们有痛觉……但这痛觉如果细腻锐敏起来呢？则不但衣服上有一根小刺就觉得，连衣服上的接缝、线结、布毛都要觉得，倘不空无缝天衣，他便要终日如芒刺在身，活不下去了。

感觉的细腻和锐敏，较之麻木，那当然算是进步的，然而以有助于生命的进化为限，如果不相干甚至于有碍，那就是进化中的病态，不久就要收梢。我们试将享清福，抱秋心的雅人，和破衣粗食的粗人一比较，就明白究竟是谁活得下去。喝过茶，望着秋天，我于是想：不识好茶，没有秋思，倒也罢了。

鲁迅的《喝茶》，犹如一把解剖刀，剖析着那些无病呻吟的文人们。题为《喝茶》，而其茶却别有一番滋味。鲁迅心目中的茶，是一种追求真实自然的"粗茶淡饭"，而绝不是斤斤于百般细腻的所谓"功夫"。而这种"茶味"，恰恰是茶饮在最高层次的体验：崇尚自然和质朴。

因此，鲁迅笔下的茶，是一种茶外之茶。

郭沫若与茶

郭沫若生于茶乡，曾游历过许多名茶产地，品尝过各种香茗。在他的诗词、剧作及书法作品中留下了不少珍贵的饮茶佳品，为现代茶文化增添了一道绚丽的光彩。

郭沫若在11岁时就有"闲钓茶溪水，临风诵我诗"的句子。在1940年，与友人游重庆北温泉缙云山，所作赠诗中，也以茶来表达自己的感情。诗曰：

豪气千盅酒，锦心一弹花。

缙云存古寺，曾与共甘茶。

四川邛崃山上的茶叶，以味醇香高著称。据传，卓文君与司马相如曾在县城开过茶馆。1957年，郭沫若作《题文君井》诗：

文君当垆时，相如涤器处，

反抗封建是前驱，佳话传千古。

今当一凭吊，酌取井中水，

用以烹茶涤尘思，清逸凉无比。

后来，当地茶厂便以"文君"为茶名，创制了"文君绿茶"。

1959年2月，郭沫若陪外宾到杭州，在登孤山、六和塔和花港观鱼后，来到虎跑，他以诗纪游，这样吟道：

虎去泉犹在，客来茶甚甘。

名传天下二，景对水成三。

饱览湖山胜，豪游意兴酣。

春风吹送我，岭外又江南。

同样，在游武夷山和黄山后，郭沫若对当地的茶叶也是倍加关心，留下诗篇：

武夷黄山同片碧，采茶农妇如蝴蝶。

岂惜辛勤慰远人，冬日增温夏解温。

湖南长沙高桥茶叶试验场在1959年创制了名茶新品高桥银峰，五年后，郭沫若到湖南考察工作，品饮之后倍加称赞，特作七律一首，并亲自手书录赠高桥茶试场，诗的名称是《初饮高桥银峰》：

芙蓉国里产新茶，九嶷香风阜万家。

肯让湖州夸紫笋，愿同双井斗红纱。

脑如冰雪心如火，舌不恒钉眼不花。

协力免教天下醉，三闾无用独醒嗟。

高桥银峰茶因郭沫若的题诗一时声名鹊起。此外，安徽宣城敬亭山的"敬亭绿雪"，也因郭沫若的题字而身价倍增，一时传为佳话。

郭沫若是诗人，又是剧作家，在描写元朝末年云南梁王的女儿阿盖公主与云南大理总管段功相爱的悲剧《孔雀胆》中，郭沫若把武夷茶的传统烹饮方法，通过剧中人物的对白和表演，介绍给了观众：

王妃：（徐徐自靠床坐起）哦，我还忘记了关照你们，茶叶你们是拿了哪一种来的？

宫女甲：（起身）我们拿的是福建生产的武夷茶呢。

王妃：对了，那就好了。国王顶喜欢喝这种茶，尤其是喝了一两杯酒之后，他特别喜欢喝很酽的茶，差不多涩得不能进口。这武夷茶的泡法，你们还记得？

宫女甲：记是记得，不过最好还是请王妃再教一遍。

王妃：你把那茶具拿来。

（宫女甲起身步至凉厨前……茶壶茶杯之类甚小，杯如酒杯，壶称"苏壶"，实即妇女梳头用之油壶。别有一茶洗，形如匜，容纳于一小盘。）

王妃：在放茶之前，先要把水烧得很开，用那开水先把这茶杯茶壶烫它一遍，然后再把茶叶放进这"苏壶"里面，要放大半壶光景。再用开水冲茶，冲得很满，用盖盖上。这样便有白泡冒出，接着用开水从这"苏壶"盖上冲下去，把壶里冒出的白泡冲掉。这样，茶就得赶快斟了，怎样斟法，记得的吗？

宫女甲：记得的，把这茶杯集中起来，提起"苏壶"，这样的（提壶做手势），很快地轮流着斟，就像在这些茶杯上画圈子。

宫女乙：我有点不大明白，为什么斟茶的时候要画圈子呢？一杯一杯慢慢斟不可以吗？

王妃：那样，便有先淡后浓的不同。

从这段剧情中，可以看到郭沫若对工夫茶的冲泡是如此的精通，反映出郭沫若对茶的热爱。

老舍先生与茶

谈到饮茶，可以说是老舍先生一生的嗜好。他认为"喝茶本身是一门艺术"。他在《多鼠斋杂谈》中写道："我是地道中国人，咖啡、可可、啤酒，皆非所喜，而独喜茶。""有一杯好茶，我便能万物静观皆自得。"

老舍有个习惯，就是边饮茶边写作。据老舍夫人胡絜青回忆，老舍无论是在重庆北碚或北京，他写作时饮茶的习惯一直没有改变过。创作与饮茶成为老舍先生密不可分的一种生活方式。茶与文人确有难解之缘，茶似乎又专为文人所生。茶助文人的诗兴笔思，有启迪文思的特殊功效。饮茶作为一门艺术、一种美，自古以来就为文人的创作提供了良好的环境条件。

茶在老舍的文学创作活动中起到了绝妙的作用。老舍先生出国或外出体验生活时，总是随身携带茶叶。据《茶馆》一剧王利发的扮演者著名艺术家于是之回忆：《茶馆》在国外演出时，使他较多地想起了茶，原来喝不着热茶，他便觉得什么液体都解不得渴。这时使他想到老舍先生生前告诉过他们的话："出国时带上暖水瓶，早上出去参观、访问之前，先将茶叶放好，泡在暖水瓶中留着回来喝。"当《茶馆》真要出国演出时，可他们却把老舍先生说的话给忘了，谁也没有带暖水瓶，渴得受不了直嚷着要喝茶啦。

老舍先生的日常生活离不开茶。一次他到莫斯科开会，苏联人知道老舍先生爱喝茶，倒是特意给他预备了一个热水瓶。可是老舍先生刚沏好一杯茶，还没喝几口，一转身服务员就给倒掉了，惹得老舍先生神情激愤地说："他不知道中国人喝茶是一天喝到晚的！"这也难怪，喝茶从早喝到晚，也许只有中国人才如此。西方人也爱喝茶，可他们是论"顿"的，有时间观念，如晨茶、上午茶、下午茶、晚茶。莫斯科宾馆里的服务员看到半杯剩茶放在那里，以为老舍先生喝剩不要了，便把它倒掉了。这是个误会，这是中西方茶文化的一次碰撞。

旧时"老北京"爱喝茶，晨起喝茶是他们的传统生活方式。他们得把茶喝"通"了，这一天才舒坦，才有劲头。北京人最喜喝的是花茶，"除著花茶不算茶"，他们认为只有花茶才算是茶，北京人有不少的人竟把茉莉花叫作"茶叶花"。老舍先生作为"老北京"自然也不例外，他也酷爱花茶，自备有上品花茶。汪曾祺在他的散文《寻常茶话》里说："我不大喜欢花茶，但好的花茶例外，比如老舍先生家的花茶。"

虽说老舍先生喜饮花茶，但不像"老北京"一味偏爱。他喜好茶中上品，不论绿茶、红茶或其他茶类都爱品尝，兼容并蓄。我国各地名茶，诸如"西湖龙井""黄山毛峰""祁门红茶""重庆砣茶"……无不品尝。且茶瘾大，称得上茶中瘾君子，一日三换，早中晚各执一壶。他还有个习惯，爱喝浓茶。在他的自传体小说《正红旗下》写到他家里穷，在他"满月"那天，请不起满月酒，只好以"清茶恭候"宾客。"用小砂壶沏的茶叶末儿，老放在炉口旁边保暖，茶叶很浓，有时候也有点香味。"

老舍好客、喜结交。他移居云南时，一次朋友来聚会，请客吃饭没钱，便烤几罐土茶，围着炭盆品茗叙旧，来个"寒夜客来茶当酒"，品茗清谈，属于真正的文人雅士风度！老舍与冰心友谊情深，老舍常往登门拜访，每逢去冰心家做客，一进门便大声问："客人来了，茶泡好了没有？"冰心总是不负老舍茶兴，以她家乡福建盛产的茉莉香片款待老舍。浓浓的馥郁花香，老舍闻香品味，啧啧称好。他们茶情之深，茶谊之浓，老舍后来曾写过一首七律赠给冰心夫妇，首联是"中年喜到故人家，挥汗频频索好茶"。以怀念他们抗战时在重庆艰苦岁月中结下的茶谊。回到北京后，老舍每次外出，见到喜爱的茶叶，总要捎上一些带回北京，分送冰心和他的朋友们。

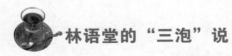

林语堂的"三泡"说

现代著名文学家林语堂是闽南漳州人，受闽南工夫茶熏陶而善品茶，他根据自己的喝茶经验，提出"三泡"说："严格地说起来，茶在第二泡时为最妙。"明代许次纾也有"三泡"说法，他在《茶趣》中说："一壶之茶，只堪再巡，初巡鲜美，再则甘醇，三巡意欲尽矣。"

林语堂在《生活的艺术》一文中高扬茶的地位，认为它在国民生活中的作用超过了任何一项同类型的人类发明。因为茶成了国人生活的必需品，以至于"只要有一只茶壶，中国人到哪儿都是快乐的"。此处的描述语带双关，在林语堂看来，茶性清静，使人心平气和，和中国的国民性格十分协调。他的另一句名言是"捧着一把茶壶，中国人把人生煎熬到最本质的精髓"。

品茶行家秦牧

说起作家与茶，人们总忘不了秦牧。此人与茶，习惯"超大码型号"，他觉得用小杯子喝不过瘾，是假斯文。很多的人都喜欢看他的文章，可是对他的茶之嗜好，恐怕知道的人就不太多了。

秦牧，著名的岭南籍作家。文学活动涉及很多领域，主要有散文、小说、诗歌、儿童文学和文学理论等。其中尤以散文著称于文坛。名篇有《土地》《花蜜与蜂刺》。秦牧为人善良刚毅、勤奋求实、朴实风趣，平生嗜好饮茶，为此还写过《敝乡茶事甲天下》等茶散文，蕴含着幽默的家乡茶俗传奇。

故事之一，是关于因饮茶而倾家荡产的传说：有个乞丐到一门大户人家乞讨时，不要钱，不要米，而恳求给一杯好茶。主人是个品茶高手，就着人送一杯好茶到门口，乞丐品尝，却说："这不过是很平常的茶罢了。"主人听了大惊，立刻吩咐妻子冲了一杯最好的茶，命人送了出去。乞丐喝后评论说："这是相当好的，不过仍只能算第二等。"并问泡这茶的是不是某姓的娘子。主人听了更惊，就亲自到门前会他，盘诘之下，才知道这乞丐从前原是豪富。因爱好品上等岩茶（旧时最上等的茶叶，有卖到百两银子以上一斤的）而逐渐中落衰败，妻子也已离散，现在沦为乞丐，身上仍带着一个古老的茶壶云云。他离散的妻子，正是现在这家主人续娶的妻子。主人震惊之余，只好呆望着这个乞丐飘然远去了……

故事之二，是关于茶家对水质的鉴别的。一个善于品茶的老妇命令她的儿子到某处山泉取水，泡工夫茶。儿子因嫌路远，就到附近朋友家座谈，顺便灌满一瓶自来水带回来。谁知泡好茶后，老妇一品味，立刻笑骂道："小孩子欺骗老人，这哪里是山泉水，这不过是自来水罢了。"

故事之三，是关于以茶结友的。有个潮汕人出差到外地去，遗失了银包，彷徨无计的时候，漫步河滨，刚好见到有几个人在品"工夫茶"，便上前搭讪，要了一杯茶喝之后，和那几个老乡聊起茶经来。这几个人立刻将其引为同道，问明他的困难后，纷纷解囊相助，并结成新交。

故事之四，是嘲笑不会喝茶的人的。有个男人，买了好茶叶回家，要妻子"做茶"。妻子是外地嫁来的，不懂喝茶，竟把茶叶像烹制针菜一样煮了出来。那男人大怒，动手就打。吵闹声惊动了邻里，一个老太婆过来解劝，抓了一把煮熟的茶叶到口里，咀嚼了几下，不懂装懂地说："不是还好么！只是没有放盐罢了。"那男人听了，才知道天下还有第二个不懂喝茶的人，不禁转气为笑，一场风波就此平息。

何山品香茗

——茶之出篇

Tea

《茶经》八之出

山南①，以峡州②上，襄州、荆州③次，衡州④下，金州、梁州⑤又下。

淮南⑥，以光州⑦上，义阳郡⑧、舒州⑨次，寿州⑩下，蕲州⑪、黄州⑫又下。

浙西⑬，以湖州⑭上，常州⑮次，宣州、杭州、睦州、歙州⑯下，润州⑰、苏州⑱又下。

剑南⑲，以彭州⑳上，绵州、蜀州㉑次，邛州㉒次，雅州、泸州㉓下，眉州、汉州㉔又下。

浙东㉕，以越州㉖上，明州、婺州㉗次，台州㉘下。

黔中㉙，生思州、播州、费州、夷州㉚。

江南，生鄂州、袁州㉛、吉州。

岭南㉜，生福州、建州、韶州、象州㉝。

其思、播、费、夷、鄂、袁、吉、福、建、韶、象十一州未详，往往得之，其味极佳。

◎注释

①山南：唐贞观十道之一。唐贞观元年（627），划全国为十道，废郡为州，道辖若干州。

②峡州：原名硖州，治所在今湖北宜昌。

③襄州、荆州：襄州，今湖北襄阳市；荆州，今湖北江陵县。

④衡州：今湖南衡阳地区。

⑤金州、梁州：金州，今陕西安康一带；梁州，今陕西汉中东。

⑥淮南：唐贞观十道之一。

⑦光州：辖境大概在今河南潢川、光山一带。

⑧义阳郡：今河南信阳市及其周边。

⑨舒州：今安徽潜山。

⑩寿州：今安徽寿县一带。

⑪蕲（qí）州：今湖北蕲春一带。

⑫黄州：今湖北黄冈一带。

⑬浙西：唐贞观十道之一。

⑭湖州：今浙江湖州一带。

⑮常州：今江苏常州一带。

⑯宣州、杭州、睦州、歙州：宣州，今安徽宣州；杭州，今浙江杭州；睦州，今浙江建德；歙州，今安徽歙县。

⑰润州：今江苏镇江。

⑱苏州：今江苏苏州。

⑲剑南：唐贞观十道之一。

⑳彭州：今四川彭州。

㉑绵州、蜀州：绵州，今四川绵阳涪江东岸；蜀州，今四川崇州。

㉒邛州：今四川邛崃。

㉓雅州、泸州：雅州，今四川雅安西；泸州，今四川泸州。

㉔眉州、汉州：眉州，今四川眉山；汉州，今四川广汉。

㉕浙东：浙江东道节度使方镇的简称。节度使驻地浙江绍兴。

㉖越州：今浙江绍兴、嵊州一带。

㉗明州、婺州：明州即今浙江宁波；婺州即今浙江金华、兰溪一带。

㉘台州：今浙江临海。

㉙黔中：唐开元十五道之一。

㉚思州、播州、费州、夷州：思州，今贵州沿河东；播州，今贵州遵义；费州，今贵州思南；夷州：今贵州凤冈。

㉛鄂州、袁州：鄂州，今湖北武汉；袁州，今江西宜春。

㉜岭南：唐贞观十道之一。

㉝福州、建州、韶州、象州：福州，今福建福州；建州，今福建建瓯；韶州，今广东韶关；象州，今广西象州。

茶的分类

中国茶叶类别、品种、花色很多，名称也较复杂，茶类划分尚无统一的方法。各类茶叶的主要区别是品质特征的不同，而不同的品质特征主要是因加工方法不同所形成。因此，茶叶分类应以加工方法为依据，结合品质特征，并参考习惯上的分类方法来进行。

通常，习惯上将中国茶叶分为基本茶类和再加工茶类两大部分。

基本茶类，包括绿茶、红茶、乌龙茶、白茶、黄茶、黑茶。

再加工茶类，包括花茶，如茉莉花茶、白兰花茶、珠兰花茶、玫瑰花茶、桂花茶、玳玳花茶、米兰茉莉（复合香型）等；紧压茶，如黑砖、茯砖、方茶、饼茶等；萃取茶，如速溶茶、浓缩茶等；果味茶，如荔枝红茶、柠檬红茶、猕猴桃茶等；保健茶，如杜仲茶、甜菊花茶；还有香料等茶。

 **绿茶**

绿茶是历史上最早的茶类，距今至少有3000年的历史。绿茶是我国产茶量最大的茶类。

绿茶是指采取茶树新叶，未经发酵，仅经杀青、揉捻、干燥等三个典型工艺制成的茶类，其成品色泽和冲泡后的汤色较多地保存了鲜茶叶的绿色主调。

绿茶的花色、品种繁多。目前市场上常见的绿茶有崂山绿茶，日照绿茶，西湖龙井，峨眉雪芽，黄山毛峰，洞庭碧螺春，庐山云雾茶，汉家刘氏茶，信阳毛尖，英山云雾茶，竹叶青茶，顾渚紫笋，江山绿牡丹，太平猴魁，慧明茶，老竹大方，恩施玉露，蒙顶甘露，剑春茶，休宁松梦等。

◎ 绿茶的冲泡

一是上投法，它适用于外形紧结的高档名优绿茶，即先将75℃～85℃的热水冲入杯中再放入茶叶。二是下投法，先放茶叶后直接倒85℃左右的热水，适合普通绿茶。冲泡茶叶的第一泡不要喝，冲了热水后摇晃一下即可倒掉。冲泡好的茶要在30～60分钟内喝掉，否则茶里的营养成分会变得不稳定。

 **红茶**

因其干茶色泽和冲泡的茶汤以红色为主调，故名红茶。红茶的鼻祖在中国，世界上最早的红茶由中国福建武夷山茶区的茶农发明，名为"正山小种"，属于全发酵茶类，是以茶树的芽叶为原料，经过萎凋、揉捻（切）、发

酵、干燥等典型工艺精制而成。

红茶种类较多，产地较广，红茶包括小种红茶，如正山小种、外山小种等；工夫红茶，如滇红、祁红、川红、闽红等；红碎茶，云南、贵州、广西、广东、四川、湖南均产；等等。

◎红茶的冲泡

红茶茶色要想变得清淡，主要靠茶叶用量和放水量来调节。一般放3至5克茶叶就可以，口味淡者可放得更少些，保证茶和水的比例为1：50。也就是说如果放3克红茶，应当用150毫升水来冲泡。红茶与瓷杯搭配，视觉和味觉效果最佳，建议大家每杯茶泡3至5分钟。

 # 乌龙茶

乌龙茶，亦称青茶、半发酵茶，是中国几大茶类中独具鲜明特色的茶叶品类。乌龙茶是经过杀青、萎凋、摇青、半发酵、烘焙等工序后制出的品质优异的茶类。

乌龙茶包括：闽北乌龙，如武夷岩茶、水仙、大红袍、肉桂等；闽南乌龙，如铁观音、奇兰、水仙、黄金桂、本山、毛蟹等；广东乌龙，如凤凰单枞、凤凰水仙、岭头单枞等；台湾乌龙，如冻顶乌龙、包种、乌龙等。

◎乌龙茶的冲泡

乌龙茶的泡饮技艺独特，在泡饮的过程中也别有一番情趣。其泡饮技艺共有八道程序。

首先，烧开水，水温以"一沸水"（即刚滚开水）为宜。水烧开时，要把盖碗（或茶壶）、茶杯淋洗一遍，然后把乌龙茶放入盖碗（或茶壶）里。用茶量盖碗为5至10克，茶壶视大小而定。这些动作包含三道程序，即"山泉初沸""白鹤沐浴""乌龙入宫"。

其次，提起开水壶，自高处往盖碗或茶壶口边冲入，使碗（壶）里茶叶旋转，促使茶叶露香；开水冲满后，立即盖上碗（壶）盖，稍候片刻，用碗（壶）盖轻轻刮去漂浮的白泡沫，使茶叶清新洁净。这是第四、五道程序，称为"悬壶高冲"和"春风拂面"。

泡一两分钟后，用拇、中两指紧夹盖碗，食指压住碗盖，把茶水依次巡回斟入并列的小茶杯里。斟到最后碗底最浓部分，要均匀地一点一点滴到各茶杯里。这是第六、七道程序，分别叫作"关公巡城"和"韩信点兵"。

茶水一经斟入杯里，应趁热细吸，以免影响色香味。吸饮时，先嗅其香，后尝其味，边啜边嗅。这是第八道程序，称为"品啜甘霖"。

在冲第二遍茶时，仍要用开水烫杯，泡两三分钟后斟茶。接下去冲第三遍、第四遍……泡饮程序基本一样，只是泡茶的时间逐渐加长些，但要根据茶的品质优劣而定，好的乌龙茶如铁观音，冲泡七八遍仍有余香。

 # 白茶

白茶为福建特产，主要产区在福鼎、政和、松溪、建阳等地。基本工艺包括萎凋、烘焙（或阴干）、拣剔、复火等工序。萎凋是形成白茶品质的关键工序。白茶外形芽毫完整，满身披毫，毫香清鲜，汤色黄绿清澈，滋味清淡回甘。此外，浙江的安吉白茶因自然变异，整片茶叶呈白色，不同于带有白色绒毛的一般白茶。

白茶是一种轻微发酵茶，选用白毫特多的芽叶，以不经揉炒的特异精细

的方法加工而成。白茶的鲜叶要求"三白"，即嫩芽及两片嫩叶均有白毫显露。成茶满披茸毛，色白如银，故名白茶。

◎ 白茶的冲泡

白茶淡些好喝，一般3至5克的茶叶用150毫升的水。水温控制在90℃～100℃。第一泡时间约5分钟，经过滤后将茶汤倒入茶盅即可饮用。第二泡只要3分钟即可，也就是要做到随饮随泡。一般情况一杯白茶可冲泡四五次。

白茶冲泡方法要兼顾到白茶色、香、味、形四个方面，在白茶冲泡过程中白茶叶片玉白，茎脉翠绿，鲜爽甘醇的视觉和味觉的享受，这是白茶冲泡的四个基本要求。

 黄茶

黄茶中的名茶有君山银针、蒙顶黄芽、北港毛尖、鹿苑毛尖、霍山黄芽、沩江白毛尖、温州黄汤、皖西黄大茶、广东大叶青、海马宫茶等。

黄茶色泽金黄光亮，最显著的特点就是"黄汤黄叶"。茶青嫩香清锐，茶汤杏黄明净，口味甘醇鲜爽，口有回甘，收敛性弱。以君山银针为代表的黄茶在国内国际市场上都久负盛名，身价千金。

◎黄茶的冲泡方法

先赏茶，洁茶具，擦干杯中水珠，以避免茶芽吸水而降低茶芽竖立率。置茶3克，将70℃的开水先快后慢冲入茶杯，至二分之一处，使茶芽湿透。稍后，再冲至七八分。为使茶芽均匀吸水，加速下沉，这时可加盖，5分钟后，去掉盖，在水和热的作用下，茶姿的形态，茶芽的沉浮，气泡的发生等，都是其他茶冲泡时罕见的，可见茶芽在杯中上下浮动，最终个个林立，人称"三起三落"，这是冲泡君山银针的特有景象。

 ## 黑茶

黑茶流行于云南、四川、广西、湖南等地，几乎已经成为当地人日常生活中的必需品。黑茶饼呈黑色，汤色近似深红，叶底匀展乌亮。对于喝惯了清淡茶叶的人，初尝味道偏苦，浓醇的黑茶或许难以下咽。但只要长时间地饮用，很多人都会爱上它"滑、醇、柔、稠"的独特口味。

◎黑茶的冲泡

黑茶一般选用茶壶冲泡。泡黑茶的水温需控制在100℃左右。具体冲泡方法如下：

第一步，取茶。黑茶一般形态有三种，即千两饼茶、颗粒茶、千两茶。取千两饼茶时，用茶刀顺着茶叶纹路倾斜，将整茶撬取下来即可；取颗粒茶时，由于颗粒装的黑茶已经切取好，把黑茶从包装袋中拿出即可；取千两茶时，用铁锹、铁锤等工具取茶，取千两茶时要小心，不要伤及手指。

第二步，将黑茶大约15克投入如意杯中。如意杯是泡黑茶的专用杯，它可以实现茶水分离，更好地泡出黑茶。

第三步，按1∶40左右的茶水比例沸水冲泡。由于黑茶比较老，所以泡茶时一定要用100℃的沸水，才能将黑茶的茶味完全泡出。

第四步，如果用如意杯冲泡黑茶，直接按杯口按钮，便可实现茶水分离。再将如意杯中的茶水倒入茶杯中，直接饮用即可，也可直接用如意杯饮用。

建议泡黑茶时不要搅拌黑茶或压紧黑茶茶叶，这样会使茶水浑浊。

珍品香茗汇总

西湖龙井

西湖美景、龙井名茶，早已名扬天下。游览西湖，品饮龙井茶，是旅游者到杭州最好的享受。西湖龙井茶产于西湖四周的群山之中，其品质特点是：外形扁平挺秀，色泽翠绿，内质清香味醇，泡在杯中，芽叶色绿，好比出水芙蓉。西湖龙井茶素以色绿、香郁、味甘、形美"四绝"著称。

龙井茶优异的品质是精细的采制工艺所形成的。采摘一芽一叶或一芽二叶初展的芽叶为原料，经过摊放、炒青

锅、回潮、分筛、回锅、筛分整理（去黄片和茶末）、收灰贮存等数道工序而制成。龙井茶炒制手法复杂，依据不同鲜叶原料不同炒制阶段分别采取"抖、搭、捺、拓、甩、扣、挺、抓、压、磨"等十大手法。凡观看过炒制龙井茶全过程的人，都会认为龙井茶确实是精工细作的手工艺品。

品饮龙井茶，宜用玻璃杯冲泡，3克茶叶加200毫升80℃左右的热水，泡3至5分钟后，就可闻香、观色、品味了。

西湖龙井茶，过去按产地分为"狮、龙、云、虎、梅"五个品类。"狮"字号为龙井狮峰一带所产，"龙"字号为龙井、翁家山一带所产，"云"字号为云栖、五云山一带所产，"虎"字号为虎跑一带所产，"梅"字号为梅家坞一带所产。其中公认狮峰所产的龙井茶香味品质最佳。

 ## 洞庭碧螺春

碧螺春产于我国著名风景旅游胜地江苏省苏州市的洞庭山。唐代陆羽《茶经》中有关茶产地中提到"苏州长洲县生洞庭山"。洞庭山所产的茶叶，因香气高而持久，俗称"吓煞人香"，后来康熙皇帝品尝此茶后，得知是洞庭山碧螺峰所产，改定名为"碧螺春"。

乾隆年间王应奎《柳南续笔》中记有此事："洞庭东山碧螺峰石壁，产野茶数株，每岁土人持竹筐采归，以供日用，历数十年如是，未见其异也，康熙某年，按候以采而其叶较多，筐不胜贮，因置怀间，茶得热气异香忽发，采茶者呼吓煞人香。吓煞人者，吴中方言也，遂以名是茶云。自是以后，每值采茶，土人男女长幼，务必沐浴更衣，尽室而往，贮不用筐，悉置怀间，而土人朱元正独精制法，出自其家，尤称妙品，每斤价值三两。己卯岁（1699），车驾幸太湖，宋公购此茶以进，上以其名不雅，题之曰'碧螺春'。自是地方大吏，岁必采办。"

太湖之滨的洞庭东山和西山，是风景旅游胜地，西山岛相传是吴王夫差和西施避暑胜地。山上的林屋洞又是道教修行的洞天福地，还有海灯法师练功处石公山等十大景点。环境优美，气候宜人，果木茶树间作成园，生长茂盛。碧螺春采制工艺精细，采摘一芽一叶的初展芽叶为原料，采回后经拣剔去杂，再经杀青、揉捻、搓团、炒干而制成，炒制要点是"手不离茶，茶不离锅，炒中带揉，连续操作，茸毛不落，卷曲成螺"。

碧螺春的品质特点是条索纤细，卷曲成螺，茸毛披覆，银绿隐翠，清香文雅，浓郁甘醇，鲜爽生津，回味绵长。

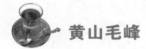 **黄山毛峰**

黄山坐落在安徽歙县、太平、休宁、黔县之间，巍峨奇特的山峰，苍劲多姿的劲松，清澈不湍的山泉，波涛起伏的云海，号称黄山"四绝"，引人入胜。明代著名的旅行家徐霞客，把黄山推为我国名山之冠，留下了"五岳归来不看山，黄山归来不看岳"的名言。

黄山地区由于山高，土质好，温暖湿润，"晴时早晚遍地雾，阴雨成天满山云"，云雾缥缈，很适合茶树生长，产茶历史悠久。据史料记载，黄山茶在400余年前就相当著名。《黄山志》称："莲花庵旁就石隙养茶，多清香冷韵，袭人断腭，谓之黄山云雾茶。"传说这就是黄山毛峰的前身。《徽州府志》记载："黄山产茶始于宋之嘉祐，兴于明之隆庆"。

真正的黄山毛峰茶何时创制？据《徽州商会资料》记载，起源于清光绪年间，即1875年前后。当时有位歙县茶商谢正安（字静和）开办了"谢裕泰"茶行，为了迎合市场需求，清明前后，亲自率人到充川、汤口等高山名园选采肥嫩芽叶，经过精细炒焙，

创制了风味俱佳的优质茶，由于该茶白毫披身，芽尖似峰，故取名"毛峰"，

后冠以地名为"黄山毛峰"。

黄山毛峰分特级和一、二、三级，特级黄山毛峰在清明前后采制，采摘一芽一叶初展芽叶，其他级别采一芽一、二叶或一芽二、三叶芽叶。选用芽头壮实茸毛多的制高档茶，经过轻度摊放后进行高温杀青、理条炒制、烘焙而制成。

特级黄山毛峰形似雀舌，白毫显露，色似象牙，鱼叶金黄。冲泡后，清香高长，汤色清澈，滋味鲜浓、醇厚、甘甜，叶底嫩黄，肥壮成朵。其中"鱼叶金黄"和"色似象牙"是特级黄山毛峰外形与其他毛峰不同的两大明显特征。

黄山毛峰的品饮，冲泡时水温以80℃左右为宜，玻璃杯或白瓷茶杯均可，一般可续水冲泡2至3次。

庐山云雾

庐山云雾是中国著名绿茶之一。巍峨峻奇的庐山，自古就有"匡庐奇秀甲天下"之称。庐山在江西省九江市，山从平地起，飞峙江湖边，北临长江，南对鄱阳湖，主峰高耸入云，海拔1543米。

山峰多断崖陡壁，峡谷深幽，纵横交错，云雾漫山间，变幻莫测，春夏之交，常见白云绕山。有时淡云缥缈，似薄纱笼罩山峰，有时一阵云流顺陡峭山峰直泻千米，倾注深谷，这一壮丽景观即著称之庐山"瀑布云"。蕴云蓄雾，给庐山平添了许多神奇的景色，且以云雾作为茶叶之命名。

据载，庐山种茶始于晋朝。唐朝时，文人雅士一度云集庐山，庐山茶叶生产有所发展。相传著名诗人白居易曾在庐山香炉峰下结茅为屋，开辟园圃种茶种药。宋朝时，庐山茶被列为"贡茶"。庐山云雾色泽翠绿，香如幽兰，味浓醇鲜爽，芽叶肥嫩显白亮。

庐山云雾不仅具有理想的生长环境以及优良的茶树品种，还具有精湛的采制技术。在清明前后，随海拔增高，鲜叶开采也相应延迟到五一节前后，以一芽一叶为标准。采回茶片后，薄摊于阴凉通风处，保持鲜叶纯净。然后，经过杀青、抖散、揉捻等九道工序才制成成品。

由于庐山云雾品质优良，深受国内外消费者欢迎。现在，除畅销国内市场，还销往日本、德国、韩国、美国、英国等国。尤其是随着庐山旅游业的发展，庐山云雾的需求量日益增大，凡到庐山的中外游客，都会买些庐山云雾馈赠亲友。

六安瓜片

六安瓜片是国家级历史名茶，中国十大经典名茶之一。六安瓜片又称片茶，为绿茶特种茶类。采自当地特有品种，经扳片、剔去嫩芽及茶梗，通过独特的传统加工工艺制成，形似瓜子。六安瓜片具有悠久的历史底蕴和丰厚的文化内涵，如陆羽《茶经》就有"庐州六安（茶）"之称。

人们总结六安瓜片传统的采制工艺有四个独特之处：

一是摘茶等到"开面"。即新梢长到一芽三、四叶时开面，叶片生长基本成熟，内含物丰富，成茶香气高。

二是鲜叶要扳片，采摘回来的鲜叶，经过摊晾、散热、再进行手工扳片，将每一枝芽叶的叶片与嫩芽、枝梗分开，嫩芽炒"银针"，茶梗炒"针把"叶片分老嫩片，炒制"瓜片"。扳片在我国绿茶初制工艺虽独一无二，但是最为科学的一道工序。扳片的好处，既可以摘去叶片，分开老嫩，除杂去劣，保持品质，又可以通过扳片起萎作用，利于叶内多酚类化合物及蛋白质、糖类物质转化，提高成茶滋味和香气。

三是老嫩分开炒，炒片分生锅和熟锅，每次投鲜叶一两至二两。生锅高温翻抖杀青，熟锅低温炒拍成形。

四是炭火拉老火。炒后的湿坯茶经过毛火、小火、混堆、拣剔，再拉老火至足干。拉老火是片茶成形、显霜、发香的关键工序，人称"一绝"。拉老火采用木炭，明火快烘，烘时由两人抬烘笼，上烘2至3秒钟翻动一次，上下抬烘70至80次即成。有人形容其"火光冲天，热浪滚滚，抬上抬下，以火攻茶"，成为一道引人入胜的景观。

六安瓜片汤色杏黄明净，清澈明亮，滋味纯正回甘，叶底嫩黄，整齐成朵，香气浓高鲜爽，并有熟栗清香。可冲泡三四次，以第二和第三次最好，瓜片不耐泡，味道很清淡，等级越高，茶越好，味越淡。

六安瓜片是所有绿茶当中营养价值最高的茶叶，因为全是叶片茶，生长周期长，茶叶的光合作用时间长，茶叶积蓄的养分多。

 ## 君山银针

君山银针产于湖南岳阳洞庭湖的君山，形细如针，故名君山银针，属于黄茶。其成品茶芽头茁壮，长短大小均匀，茶芽内呈金黄色，外层白毫显露完整，而且包裹坚实，茶芽外形很像一根根银针，雅称"金镶玉"。"金镶玉色尘心去，川迥洞庭好月来。"君山茶历史悠久，唐代就已生产、出名。

君山银针的采摘和制作都有严格的要求，每年只能在"清明"前后七天到十天采摘，采摘标准为春茶的首轮嫩芽。

饮用时，将君山银针放入玻璃杯内，以沸水冲泡，这时茶叶在杯中一根根垂直立起，踊跃上冲，悬空竖立，继而上下游动，然后徐徐下沉，簇立杯底。军人视之谓"刀枪林立"，文人赞叹如"雨后春笋"，艺人偏说是"金菊怒放"。

君山银针茶汁杏黄，香气清鲜，叶底明亮，又被人称作"琼浆玉液"。

君山银针是一种较为特殊的黄茶，它有幽香、有醇味，具有茶的所有特性，但它更注重观赏性，因此其中冲泡技术和程序十分关键。冲泡君山银针用的水以清澈的山泉为佳，茶具最好用透明的玻璃杯，并用玻璃片作盖。杯子高度10至15厘米，杯口直径4至6厘米，每杯用茶量为3克。

君山银针其具体的冲泡程序如下：

用开水预热茶杯，清洁茶具，并擦干杯壁，以避免茶芽吸水而不易竖立。用茶匙轻轻从茶罐中取出君山银针约3克，放入茶杯待泡。用水壶将70℃左右的开水，先快后慢冲入盛茶的杯子，至二分之一处，使茶芽湿透。稍后，再冲至七八分。约5分钟后，去掉玻璃盖片。君山银针经冲泡后，可看见茶芽渐次直立，上下沉浮，并且在芽尖上有晶莹的气泡。

君山银针是一种以赏景为主的特种茶，讲究在欣赏中饮茶，在饮茶中欣赏。刚冲泡的君山银针是横卧水面的，加上玻璃片盖后，茶芽吸水下沉，芽尖产生气泡，犹如雀舌含珠，似春笋出土。接着，沉入杯底的直立茶芽在气泡的浮力作用下，再次浮升，如此上下沉浮，真是妙不可言。当启开玻璃盖片时，会有一缕白雾从杯中冉冉升起，然后缓缓消失。赏茶之后，可端杯闻香，闻香之后就可以品饮了。

 信阳毛尖

信阳毛尖是河南省著名特产之一，素来以"细、圆、光、直、多白毫、香高、味浓、汤色绿"的特点而享誉中外。

唐代茶圣陆羽所著的《茶经》，把信阳列为全国八大产茶区之一；宋代大文学家苏轼尝遍名茶而挥毫赞道："淮南茶，信阳第一。"信阳毛尖茶清代已为全国名茶之一，1915年荣获巴拿马万国博览会金奖，1958年被评为全国十大名茶之一，1985年获中国质量奖银质奖，1990年"龙潭"毛尖代表信阳毛尖品牌参加国家评比，取得绿茶综合品质第一名的好成绩，荣获中国质量奖金质奖，1982年、1986年评为部级优质产品，荣获全国名茶称号，1991年在杭州国际茶文化节上，被授予"中国茶文化名茶"称号，1999年获昆明世界园艺博览会金奖。信阳毛尖不仅走俏国内，在国际上也享有盛誉，远销日本、美国、德国、马来西亚、新加坡等国家和地区。

 ## 武夷岩茶

武夷岩茶产于闽北"秀甲东南"的名山武夷，茶树生长在岩缝之中。外形条索肥壮、紧结、匀整，带扭曲条形，俗称"蜻蜓头"，叶背起蛙皮状小粒，俗称蛤蟆背，滋味醇厚回苦，润滑爽口，汤色橙黄，清澈艳丽，叶底匀亮，边缘朱红或起红点，中央叶肉黄绿色，叶脉浅黄色，耐泡。

武夷岩茶属半发酵茶，制作方法介于绿茶与红茶之间。武夷岩茶具有绿茶之清香，红茶之甘醇，是中国乌龙茶中之极品。其主要品种有大红袍、白鸡冠、水仙、乌龙、肉桂等。

武夷岩茶品质独特，它未经窨花，茶汤却有浓郁的鲜花香，饮时甘馨可口，回味无穷。18世纪传入欧洲后，备受当地人们的喜爱，曾有"百病之药"美誉。

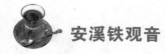

安溪铁观音

铁观音原产安溪县西坪乡，已有200多年的历史。关于铁观音品种的由来，在安溪还流传着两种历史传说，一说是西坪茶农魏饮做了一个梦，观音菩萨赐给他一株茶树，挖来栽种而成；另一说是安溪尧阳一位名叫王士让的人在一株茶树上采叶制成茶献给皇上，皇上赐名"铁观音"而得。

安溪是闽南乌龙茶的主产区，种茶历史悠久，唐代已有茶叶出产。安溪境内雨量充沛，气候温和，山峦重叠，林木繁多，终年云雾缭绕，山清水秀，适宜于茶树生长，而且经过历代茶人的辛勤劳动，选育繁殖了一系列茶树良种，目前境内保存的良种有60多个，铁观音、黄旦、本山、毛蟹、大叶乌龙、梅占等都属于全国知名良种，因此安溪有"茶树良种宝库"之称。在众多的茶树良种中，品质最优秀、知名度最高的要数"铁观音"了。

茶树良种"铁观音"树势不大，枝条披张，叶色深绿，叶质柔软肥厚，芽叶肥壮。采用"铁观音"良种芽叶制成的乌龙茶也称"铁观音"。因此，"铁观音"既是茶树品种名，也是茶名。

铁观音的采制技术很特别，不是采摘非常幼嫩的芽叶，而是采摘成熟新梢的二至三叶，俗称"开面采"，是指叶片已全部展开，形成驻芽时采摘。采来的鲜叶力求新鲜完整，然后进行凉青、晒青和摇青（做青），直到自然花香释放，香气浓郁时进行炒青、揉捻和包揉（用棉布包茶滚揉），使茶叶蜷缩成颗粒后文火焙干。制成毛茶后，再经筛分、风选、拣剔、匀堆、包装制成商品。

铁观音是乌龙茶的极品，其品质特征是茶条卷曲，肥壮圆结，沉重匀整，色泽砂绿，整体形状似蜻蜓头、螺旋体、青蛙腿。冲泡后汤色金黄浓艳似琥珀，有天然馥郁的兰花香，滋味醇厚甘鲜，回甘悠久，俗称有"音韵"。铁观音茶香高而持久，可谓"七泡有余香"。

祁门红茶

祁门红茶通常简称"祁红"，产于安徽省祁门、东至、贵池、石台、黟县以及江西的浮梁一带，以祁门的历口、闪里、平里一带最优。

祁红产区，自然条件优越，山地林木多，温暖湿润，土层深厚，雨量充沛，云雾多，很适宜茶树生长，加之当地茶树的主体品种内含物丰富，酶活性高，很适合用于制造工夫红茶。

祁红采制工艺精细，采摘一芽二、三叶的芽叶做原料，经过萎凋、揉捻、发酵，使芽叶由绿色变成紫铜红色，香气透发，然后进行文火烘焙至干。红毛茶制成后，还须进行精制，精制工序复杂，很花工夫，经毛筛、抖筛、分筛、紧门、撩筛、切断、风选、拣剔、补火、清风、拼和、装箱而制成。

其他茶品

苏州茉莉花茶

苏州茉莉花茶是我国茉莉花茶中的佳品，约于雍正年间开始发展，距今已有近300年的产销历史。据史料记载，苏州在宋代时已栽种茉莉花，并以它作为制茶的原料。1860年时，苏州茉莉花茶已盛销于东北、华北一带。

苏州茉莉花茶以所用茶胚、配花量、窨次、产花季节的不同而有浓淡，其香气依花期有别，头花所窨者香气较淡，"优花"窨者香气最浓。苏州茉莉花茶主要茶胚为烘青，也有杀茶、尖茶、大方，特高者还有以龙井、碧螺春、毛峰窨制的高级花茶。与同类花茶相比属清香类型，香气清新，茶味醇和含香，汤色黄绿澄明。

云南普洱茶

普洱茶是在云南大叶茶基础上培育出的一个新茶种。普洱茶亦称滇青茶，原运销集散地在普洱县，故此而得名，距今已有1700多年的历史。它是用攸乐、萍登、倚帮等11个县的茶叶，在普洱县加工成而得名的。

普洱茶的产区，气候温暖，雨量充足，湿度较大，土层深厚，有机质含量丰富。茶树分为乔木或乔木形态的高大茶树，芽叶极其肥壮而茸毫茂密，具有良好的持嫩性，芽叶品质优异。采摘期从3月开始，可以连续采至11月。在生产习惯上，划分为春、夏、秋茶三期。采茶的标准为二、三叶。其制作方法为亚发酵青茶制法，经杀青、初揉、初堆发酵、复揉、再堆发酵、初干、再揉、烘干八道工序。

在古代，普洱茶是作为药用的。其品质特点是香气高锐持久，带有云南大叶茶种特性的独特香型，滋味浓强富于刺激性；耐泡，经五六次冲泡仍持有香味，汤橙黄浓厚，芽壮叶厚，叶色黄绿间有红斑红茎叶，条形粗壮结实，白毫密布。

冻顶乌龙茶

冻顶乌龙茶是台湾所产乌龙茶的一种，台湾生产的乌龙茶依据发酵程度的不同有轻度发酵茶（约20%）、中度发酵茶（约40%）和重度发酵茶（约70%）之分。

轻度发酵茶似绿茶，具有清香；重度发酵茶似红茶，具有甜香；中度发酵茶清香较浓烈。冻顶乌龙茶属轻度或中度发酵茶，主产于台湾地区南投县鹿谷乡的冻顶山。

冻顶产茶历史悠久，据《台湾通史》称："台湾产茶，其来已久，旧志称水沙连（今南投县埔里、日月潭、水里、竹山等地）社茶，色如松罗，能避瘴祛暑。至今五城之茶，尚售市上，而以冻顶为佳，惟所出无多。"

又据传说，清咸丰五年（1855），南投鹿谷乡村民林凤池往福建考试读书，还乡时带回武夷乌龙茶苗36株种于冻顶山等地，逐渐发展成当今的冻顶茶园。

平水珠茶

平水珠茶是浙江的独特产品，其产区包括浙江的绍兴、诸暨、嵊州、新昌、萧山、上虞、余姚、天台、奉化、东阳等县。整个产区为会稽山、四明山、天台山等名山所环抱，境内山岭盘结、峰峦起伏，溪流纵横，气候温和，青山绿水，风景名胜众多，不少地方是著名的旅游胜地，也是浙江省茶叶的主产区。

平水是浙江绍兴东南的一个著名集镇，历史上很早就是茶叶加工贸易的集散地，各县所产珠茶，过去多集中在平水进行精制加工、转运出口。因此，浙江所产的珠茶在国际贸易中逐渐以"平水珠茶"著称。这一地区历史上就出产过不少名茶，如会稽的"日铸茶"、山阴的"卧龙茶"、诸暨的"石笕岭茶"、余姚的"瀑布茶"等，都是古代名茶中的珍品。

据说，珠茶是由日铸茶演变而来的。宋代吴处厚《青箱杂记》称："越州日铸茶，为江南第一。日铸茶芽纤白而长，味甘软而永，多啜宜人，无停滞酸噎之患。"日铸茶产于绍兴东南会稽山脉的日铸岭，相传古时欧冶子于此铸五剑，其岭下有寺名资寿，其阳坡朝暮常有日照，产茶奇绝，故谓之"日铸茶"。宋代起日铸茶就被列为贡品，不少文人墨客也为此吟诗赞赏。

日铸茶细采精制，明代闻龙《茶笺》中就对日铸茶的采制作过详尽的记述："茶初采摘时须拣去枝梗老叶，唯取嫩叶，又须去尖与柄，恐其易焦，此松罗法也。炒时须一人从旁扇扇，以去热气，否则黄色、香味俱减，炒起出锅，置大磁盘中仍需急扇，待热气稍退以手重揉之，再入锅文火炒干入焙，并揉到其津上浮，点时香味易出。"

现代珠茶的采制与上述的日铸茶相仿，鲜叶采下后，经过杀青、揉捻、炒二青、炒三青、做对锅、做大锅而制成。过去人工制茶非常辛苦，现在已实现制茶全程机械化。

平水珠茶外形浑圆紧结，色泽绿润、身骨重实，活像一粒粒墨绿色的珍珠。用沸水冲泡时，粒粒茶珠释放展开，别有趣味，冲后的茶汤香高味浓，珠茶的另一特点是经久耐泡。

 ## 大红袍

"大红袍"是武夷岩茶中品质最优异者。武夷岩茶产于福建的武夷山。武夷山位于福建崇安东南部，方圆60公里，有36峰、99名岩，岩岩有茶，茶以岩名，岩以茶显，故名岩茶。

武夷山栽种的茶树，品种繁多，有大红袍、铁罗汉、白鸡冠、水金龟"四大名枞"。

其中，大红袍名枞茶树，生长在武夷山九龙窠高岩峭壁上，岩壁上至今仍保留着1927年天心寺和尚所作的"大红袍"石刻，这里日照短，多反射光，昼夜温差大，岩顶终年有细泉浸润流滴。这种特殊的自然环境，造就了大红袍的特异品质。大红袍茶树现有6株，都是灌木茶丛，叶质较厚，芽头微微泛红，阳光照射茶树和岩石时，岩光反射，红灿灿十分显目。

关于"大红袍"的来历，还有一段动人的传说。传说天心寺和尚用九龙窠岩壁上的茶树芽叶，制成的茶叶治好了一位皇帝重臣的疾病，这位皇帝重臣将身上穿的红袍盖在茶树上以表感谢之情，红袍将茶树染红了，"大红袍"茶名由此而来。

大红袍茶树现经武夷山市茶叶研究所的试验，采取无性繁殖的技术已获成功，经繁育种植，已能批量生产。

大红袍的采制技术与其他岩茶类似，只不过更加精细而已。每年春天，采摘3至4叶开面新梢，经晒青、凉青、做青、炒青、初揉、复炒、复揉、走水焙、簸拣、摊晾、拣剔、复焙、再簸拣、补火而制成。

大红袍的品质特征是外形条索紧结，色泽绿褐鲜润，冲泡后汤色橙黄明亮，叶片红绿相间，典型的叶片有绿叶红镶边之美感。大红袍品质最突出之处是香气馥郁有兰花香，香高而持久，"岩韵"明显。

大红袍很耐冲泡，泡七八次仍有香味。品饮大红袍，必须按工夫茶小壶、小杯细品慢饮的程式，才能真正品尝到岩茶之巅的韵味。

 **滇红**

滇红是云南红茶的统称，分为滇红工夫茶和滇红碎茶两种。滇红工夫茶芽叶肥壮，金毫显露，汤色红艳，香气高醇，滋味浓厚。滇红工夫茶于1939年在云南凤庆首先试制成功。据《顺宁县志》记载："1938年，东南各省茶区接近战区，产制不易，中茶公司遵奉部命，积极开发西南茶区，以维持华茶在国际现有市场，于民国二十八年（1939）三月八日正式成立顺宁茶厂（今凤庆茶厂），筹建与试制同时并进。"当年生产15吨销往英国，以后不断扩大生产，西双版纳勐海等地也组织生产，产品质量优异，深受国际市场欢迎。

云南是古茶树分布最多的地方，树龄千年以上、树高数十米的大茶树仍有不少数量。从这些大茶树演化选育出的云南大叶种是制造红茶的优良品种，茶多酚含量高，多酚氧化酶活性强，芽叶肥壮，茸毛多，制造出红茶，金黄毫多而显露，滋味浓醇鲜爽，是我国出口红茶中的佼佼者。

滇红产区主要是云南澜沧江沿岸的临沧、保山、思茅、西双版纳、德宏、红河六个地州的二十多个县。

滇红工夫茶采摘一芽二、三叶的芽叶作为原料，经萎凋、揉捻、发酵、干燥而制成；滇红碎茶是经萎凋、平揉平切、发酵、干燥而制成。滇红工夫茶是条形茶，滇红碎茶是颗粒形碎茶。前者滋味醇和，后者滋味强烈富有刺激性。

滇红的品饮多以加糖加奶调和饮用为主，加奶后的香气滋味依然浓烈。冲泡后的滇红茶汤红艳明亮。高档滇红，茶汤与茶杯接触处常显金圈，冷却后立即出现乳凝状的冷后浑现象，冷后浑早出现者是质优的表现。

巴山雀舌

巴山雀舌产于四川省万源市。茶区地理环境优越，山峦起伏，植被茂密，相对湿度大。土壤肥沃、pH值偏酸，适宜茶树生长。

特级雀舌在清明时节采制，谷雨后采制一、二级茶，标准分别为一芽一叶初展和理条手法：以单手双手交替进行，手指伸直抓茶，轻轻拉回，茶从拇指虎口中甩出，手指、掌稍带力，兼用压、捺、拓、抓、带、甩、抖等手势。

雀舌茶成品外形扁平匀直，色泽绿润略显毫，香气栗香高长，滋味鲜爽回甘，汤色黄绿明亮，叶底嫩匀成朵。

南京雨花茶

雨花茶产于南京中山陵和雨花台园林风景区，1958年为纪念在雨花台殉国的革命烈士而创制，故取名雨花茶。紧、直、绿、匀是雨花茶的品质特点，其形似松针，条索紧直、浑圆，两端略尖，锋苗挺秀，茸毫隐露，色泽墨绿，香气浓郁高雅，滋味鲜醇，汤色绿亮，叶底嫩匀明亮。沸水冲泡，芽芽直立，上下沉浮，犹如翡翠，清香四溢，齿颊留香，沁人肺腑。

九曲红梅

　　九曲红梅简称"九曲红",是西湖区另一大传统拳头产品,是红茶中的珍品。九曲红梅产于西湖区周浦乡的湖埠、上堡、大岭、张余、冯家、灵山、社井、仁桥、上阳、下阳一带,尤以湖埠大坞山所产品质最佳。大坞山高500多米,山顶为一盆地,沙质土壤,土质肥沃,四周山峦环抱,林木茂盛,遮风避雪,掩映烈阳;地临钱塘江,江水蒸腾,山上云雾缭绕,适宜茶树生长和品质的形成。

　　九曲红梅是工夫红茶,品质优异,风韵独特,色香味形俱佳,是优越的自然条件、优良的茶树品种与精细的采摘方法、精湛的加工工艺相结合的产物。其外形曲细如鱼钩,色泽乌泽多白毫,滋味浓郁,香气芬馥,汤色鲜亮,叶底红艳,深受消费者青睐。

 恩施玉露

　　恩施玉露是中国传统名茶之一,产于湖北恩施市东郊五峰山。恩施玉露是中国保留下来为数不多的蒸青绿茶种类之一,其制作工艺及所用工具相当古老,与陆羽《茶经》所载十分相似。日本自唐代从我国传入茶种及制茶方法后,至今仍主要采用蒸青方法制作绿茶,其玉露茶制法与恩施玉露大同小异,品质各有特色。

　　恩施玉露的品质特征是条索紧细、圆直,外形白毫显露,色泽苍翠润绿,形如松针,汤色清澈明亮,香气清鲜,滋味醇爽,叶底嫩绿匀整。

　　除了上述这些著名的茶品外,还有产于广西横县南山的南山白毛茶、产于湖南安化的天尖、产于福建政和的政和白毫银针、产于福建建阳和建瓯的闽北水仙、产于湖北远安的鹿苑茶,以及峨眉白芽茶、湄潭眉尖茶、莫干黄芽、富田岩顶等,它们都是祖国茶园里的奇葩。

尽在不言中

——茶之略篇

Tea

《茶经》九之略^①

其造具，若方春禁火^②之时，于野寺山园，丛手而掇，乃蒸，乃春，乃拍，以火干之，则又棨、扑、焙、贯、棚、穿、育等七事皆废。

其煮器，若松间石上可坐，则具列废。用槁薪、鼎锅之属，则风炉、灰承、炭树、火筴、交床等废。若瞰泉临涧，则水方、涤方、漉水囊废。若五人已下，茶可末而精者，则罗合废。若援藟跻岩^③，引絙^④入洞，于山口炙而末之，或纸包合贮，则碾、拂末等废。既瓢、碗、竹筴、札、熟盂、鹾簋悉以一筥盛之，则都篮废。

但城邑之中，王公之门，二十四器阙一，则茶废矣。

◎注释

①九之略：第九，制茶工序和制茶工具的省略。

②禁火：古时民间习俗。即在清明前一日或二日禁火三天，用冷食，称作"寒食节"。

③援藟（lěi）跻（jī）岩：藟，藤蔓。《广雅》："藟，藤也。"跻，登、升。《释文》："跻，升也。"

④絙（gēng）：绳索。

名茶画赏析

——茶之图篇

Tea

《茶经》十之图[①]

以绢素或四幅或六幅，分布写之，陈诸座隅，则茶之源、之具、之造、之器、之煮、之饮、之事、之出、之略目击而存，于是《茶经》之始终备[②]焉。

◎注释

①图：这里用作动词，即把《茶经》原文以绢素或四幅或六幅分布写之，悬挂起来。《四库总目提要》说："其曰图者，乃谓统上九类写绢素张之，非别有图，其类十，其文实九也。"

②终备：终于完备。

《斗茶图卷》（南宋·刘松年）

斗茶，是我国古代以竞赛方式，评定茶叶质量优劣、沏茶技艺高下的一种方法，可谓是中国古代品茶的最高表现形式。也就是古人用战斗的姿态，进行品茶比赛，与当今的名茶评比大致相当。所以，从某种意义上说，斗茶是人们运用审美观对茶叶进行鉴评和欣赏，是人们精神生活的一种追求。

在我国饮茶史上，斗茶最早出现于唐代中期。据无名氏《梅妃传》载："开元年间，（唐）玄宗与妃斗茶，顾诸王戏曰：'此梅精也。吹白玉笛，作惊鸿舞，一座光辉。斗茶今又胜我。'"这是斗茶的最早记录。

然而在历史上最讲究、最热衷于斗茶的则要算宋代了。由于宋代品茶之风大盛，于是唐代开始的斗茶之风在宋代达到高峰。

对如何斗茶，宋代唐庚的《斗茶记》写得较为详细，二三人聚集在一起，献出各自所藏的珍茗，烹水沏茶，互斗次第。

到了南宋，不仅名茶产地及寺院有斗茶之举，就连民间也普遍开展斗茶。南宋画家刘松年的《斗茶图卷》更是生动地展现了集市买卖茶叶及民间斗茶的景象。这种斗茶，很有些现时评茶的味道，并与茶叶市场交易联系在一起。

《斗茶图卷》（局部）

《斗茶图卷》著录于《石渠宝笈二编·重华宫藏》，此图卷描绘的是民间斗茶情景：几个茶贩在买卖之余，巧遇或相约一起，息肩于树荫之下，各自拿出绝招，斗试较量，个个神态专注，动作自如。河坊街上的饮茶风俗作为当时杭州市井生活典型代表，在画作中得到了充分表现。图卷右上方有卢仝《走笔谢孟谏议寄新茶》诗，为明代杭州人俞和所书，显系后来补书。

《陆羽烹茶图》（元·赵原）

该画以陆羽烹茶为题材，用水墨山水画反映优雅恬静的环境，远山近水，有一山岩平缓突出水面，一轩宏敞，茅檐数座，屋内峨冠博带、倚坐榻上者即陆羽，前有一童子焙炉烹茶。

本画幅有作者自题"陆羽烹茶图"几字。画面图文并茂，铸造了士大夫烟霞痼疾与泉石膏肓的精神世界，从一个侧面折射了元代的社会思潮。画题诗："山中茅屋是谁家，兀会闲吟到日斜。俗客不来山鸟散，呼童汲水煮新茶。"

此图绘山水清远，图中山石皴法的侧锋圆转，树点墨法的粗重厚实，无不着意经营，表现了陆羽隐居闲适的生活。

"远山近坡用披麻皴，皴笔圆转虬曲，颇多侧锋，树法书落，学董巨而有变化。"是当时人对赵原绘画的评价。元代职业画家的绘画题材、画风都不同程度地受到文人画家的影响，于此图可见一斑。

《惠山茶会图》（明·文徵明）

《惠山茶会图》是一幅以茶会友、饮茶赋诗的真实写照图，纵22厘米，横67厘米，现藏于北京故宫博物院。

此图画面描绘了清明时节，文徵明同蔡羽、汤珍、王守、王宠等书画好友游览无锡惠山，饮茶赋诗的情景。半山碧松之阳有两人对说，一少年沿山路而下，茅亭中两人围井阑会就，支茶灶于几旁，一童子在煮茶。茶灶正煮井水，茶几上放着各种茶具。

该画体现了文徵明早年山水画细致清丽、文雅隽秀的风格。画前引首处有蔡羽书的"惠山茶会序"，后纸有蔡羽、汤珍、王宠各书记游诗。诗画相应，抒情达意。

据蔡羽序记，正德十三年（1518）二月十九日，文徵明与好友至无锡惠山游览，品茗饮茶，吟诗唱和，十分相得，事后便创作了这幅记事性作品。画面

采用截取式构图，突出"茶会"场景，在一片松林中有茅亭泉井，诸人冶游其间，或围井而坐，展卷吟哦，或散步林间，赏景交谈，或观看童子煮茶。

人物面相虽少肖像画特征，大都雷同，但动态、情致刻画却迥异，饶有生意，并传达出共通的闲适、文雅气质，反映了文人画家传神胜于写形的艺术宗旨。同时，青山绿树、苍松翠柏的幽雅环境，与文人士子的茶会活动相映衬，也营造出情景交融的诗意境界。

此图运用工笔设色法，树干、山石、坡坨的勾、擦、皴染多用中锋，掺以侧锋，具行书的笔法，呈"以书入画"特色。运笔纤细，兼带拙味，如人物衣纹用高古游丝描，稳健潇洒中略见涩笔，工中兼拙。

树石形态亦于精细中呈适当变形，工整而带装饰味。设色青绿、浅绛相融，山石敷以石绿，勾线、凹处加淡赭微晕，树干运赭石、藤黄间染，人物着色后线条用色复勾，整体色调于对比中见融和，呈现出清丽细致、文秀隽雅的新风格。这种小青绿的画法，继承了元代钱选、赵孟頫的山水画体，并有发展创造，树立了明代文人青绿山水画的新格。

《品茗图》（清·吴昌硕）

《品茗图》是清朝画家吴昌硕的作品。吴昌硕名俊，又名俊卿，字昌硕，又署仓石、苍石，多别号，常见者有仓硕、老苍、老缶、苦铁、大聋、石尊者等。浙江孝丰县人，是晚清著名画家、书法家、篆刻家，为"后海派"中的代表。他与虚谷、蒲华、任伯年齐名为"清末海派四杰"。

　　此画纵42厘米，横44厘米。画右部似乎随意点染，淡墨轻扫，画出一把泥壶，壶形古雅朴拙。泥壶旁勾勒出茶杯一只，笔触淡如轻烟。画上部有几枝梅花，自右上一直向左下斜出，俯仰、正侧、向背、交叠的梅枝与花萼，姿态生动有致。以浓笔劲写折枝梅花，寥寥数笔，顿有茶香梅馨跃然纸上。茶的清淡、梅的雅致，暗喻了文人高洁与淡泊之性情。

　　画左上有题记："梅梢春雪活火煎，山中人兮仙乎仙。禄甫先生正画丁巳年寒。"画家向往摆脱世间尘俗，与三二子扫雪煮茗，品啜梅下，谈诗论艺，过上"采菊东篱下，悠然见南山"式的隐逸生活。品茗得趣，跃然纸上，诗情画意，脍炙人口，可称画仙茶仙。据说吴昌硕喜用紫砂壶品茶，每画完画或写完字，习惯将字画悬挂于墙上，手握茶壶，静坐沉思，边品茗边赏字画，忘怀一切，进入物我两忘的境界。

《茶具梅花图》（现代·齐白石）

　　《茶具梅花图》系齐白石老人于1952年为感谢毛泽东邀他到中南海做客而作。画的下半部以简练的笔法绘出紫砂壶一把、青花瓷盅两只，画的上半部绘一枝吐香正盛的红梅。加"大匠之门"印章，左边题款："毛主席正。九十二岁齐璜。"原画藏毛泽东故居。

　　齐白石，原名纯芝，字渭清，后改名璜，字白石，生于同治二年（1863），原籍湖南省湘

潭县，后定居北京。他在民间绘画的基础上吸收古典传统技法和名家画法，博采众长，自成一格，人物山水、花鸟鱼虫无所不通，诗书画印堪称四绝，其艺术成就举世公认，享誉国内外。

这幅《茶具梅花图》，堪称大写意的代表作。画面上仅画一个茶壶，两个茶杯，一枝红梅。此图朴中藏华，虽貌似平淡，然平中见奇，突奇走险，寓意绝妙。赏这幅画，使人不禁联想到画中之情、画外之画——两位知音好友一边品尝香茗，一边观赏红梅白雪。

茶者誉清廉，梅者号君子，君子信物在而君子之交亦在，睹物思君，得君忘物，情之所至。画家匠心独具，一番情深意长，跃然纸上，尽在画中。